DIE SCHWINGUNG
ALS
VORTRIEBSFAKTOR
IN NATUR UND TECHNIK

Gedanken eines Ingenieurs
über das Problem der schwingenden Propulsion
in Technik und Biologie

von

Hans Schramm

Mit 54 Abbildungen

Berlin und Leipzig
WALTER DE GRUYTER & CO.
vormals G. J. Göschen'sche Verlagshandlung :: J. Guttentag, Verlagsbuchhandlung
Georg Reimer :: Karl J. Trübner :: Veit & Comp.
1927

Vorwort

Die vorliegenden Ausführungen stellen die Resultate von Untersuchungen, Beobachtungen und Versuchen dar, die ich seit mehr als 10 Jahren auf dem Schwingungsgebiet vorgenommen und durchgeführt habe. Den ersten Anstoß zu eingehenderen Untersuchungen auf der flugtechnischen Seite bildeten meine Beobachtungen an wilden Gänsen und Kranichen an der pommerschen Küste in den Jahren 1915 bis 1917, deren enorme Flugleistungen in den harten Wintermonaten bei geringster Nahrungsaufnahme auf den tiefverschneiten Feldern immer von neuem das Staunen des aufmerksam beobachtenden Biotechnikers und Physiologen hervorrufen müssen. Als Wasserjäger und Fischer bot sich mir auf hydrodynamischem Gebiet oft und reichlich die Gelegenheit, im schwingenden Vortrieb fast an allen Wasserlebewesen eine überaus zweckmäßige, in jeder Beziehung ideale natürliche Gestaltung zu bewundern.

Das gesamte Schwingungsgebiet ist in seinen vielfachsten Modulationen so ungeheuer vielseitig, daß es den Rahmen dieses Buches weit überschreiten würde, wollte man ein erschöpfendes Bild der Materie in Theorie und Praxis geben. Es kann deshalb nur in großen Zügen auf die einzelnen Schwingungsvorgänge eingegangen werden, wobei immer nur auf die Schwingung als Vortriebsfaktor Rücksicht genommen ist. Reine mechanische Pendelschwingungen, wie sie im Maschinenbau so erfolgreich eingeführt worden sind, mußten deshalb im vorliegenden Werk nur andeutungsweise gestreift werden, obgleich sie zwar in ursächlichem Zusammenhang mit dem hier behandelten Stoff stehen, in ihren Wirkungen aber andere Gebrauchsziele haben.

Da die Schwingungserscheinungen einen in sich recht komplizierten Charakter haben, der durch bloße Rechnung nur angenähert und unter Verwendung der höheren Mathematik analytisch klargelegt werden kann, so habe ich mit Rücksicht auf das Verständnis auch dem weniger wissenschaftlich geschulten Leser gegenüber die Rechnung weitestgehend beschränkt und nur in ganz vereinzelten Punkten allgemeinverständlich durchgeführt. Der Zweck des vorliegenden Buches soll auch in der Hauptsache der sein, zum Nachdenken anzuregen und den Blick des Technikers von Formeltabelle und Reißbrett zur Natur zurückzulenken, deren Wunder dem vorurteilsfreien Beobachter immer wieder Gelegenheit zu genußreichsten technischen Gedanken geben. Die Betrachtung der natürlichen Gestaltung von der Warte unserer modernen Technik aus sei deshalb das Leitmotiv dieser Abhandlungen.

An dieser Stelle möchte ich noch Herrn Direktor Heinrich Schieferstein in Berlin für die liebenswürdige Unterstützung meinen herzlichsten Dank aussprechen.

Dessau, im August 1926.

Der Verfasser.

Inhaltsverzeichnis

V. Teil

VI. Teil

Einleitung

Die neuere Zeit hat in rascher Folge auf dem Gebiete des Antriebs von Fahrzeugen mehrere Aufsehen erregende technische Fortschritte hervorgebracht, von denen der Rotorantrieb von Segelschiffen nach dem Flettnersystem als eigenartigste Antriebsart noch im Mittelpunkt des Interesses aller Welt steht. Obwohl die bei dieser Art des Vortriebs auftretenden Kräfteerscheinungen und Kräftewirkungen bereits jahrzehntelang bekannt waren, wurde doch erst durch die intensiven Versuche eines begabten Praktikers der Magnuseffekt zu einem Vortriebsfaktor, der seine Existenzberechtigung zu beweisen vermochte.

Auch diese letzte epochemachende Erfindung, die sogar auf das dem Segelschiff grundsätzlich verwandte Flugzeug übertragen werden soll, zeigt als Grundbewegungsart seiner maschinellen Organe die Rotation, die gleichbleibende Drehung der Maschinenteile in dem Vortriebsmedium, der Luft. Die Rotation der Vortriebsorgane ist ja diejenige Bewegung, die die moderne Technik auf allen Gebieten bevorzugt, weil sie leicht regelbar, einfach in der Erzeugung und in hohem Maße betriebssicher ist. Offenbar trifft auch diese Behauptung der Technik, die Rotation sei die wirtschaftlichste Bewegung, für die Fortbewegung auf dem festen Lande zu, also da, wo nur ein Organ sich dreht, das Reaktionselement jedoch, der Boden, in seiner Ruhelage verbleibt. Hier wird, z. B. bei den Rädern einer Lokomotive oder eines Automobils, die antreibende Kraft unmittelbar ohne Wirkungsgradverluste in Bewegung umgesetzt.

Dagegen kann der obigen Behauptung bezüglich der beiden anderen irdischen Elemente, des Wassers und der

Luft, nicht zugestimmt werden, weil die in diesen Elementen auftretenden Bewegungserscheinungen wesentlich anderer Natur sind als diejenigen auf dem festen Lande. Als gebräuchlichsten Antriebsorgans bedient sich heute die Technik des Schraubenpropellers, der nach dem Gleichstromprinzip in seinem Medium, dem Wasser oder der Luft, infolge schraubenartiger Wirkung dem damit ausgerüsteten Fahrzeug, sei es Schiff oder Flugzeug, einen Vortrieb erteilt, der dem betreffenden zur Verwendung gelangenden Propeller spezifisch ist. Der Wirkungsgrad eines Schraubenpropellers wird jedoch in hohem Maße beeinflußt durch das Verhältnis der Eigengeschwindigkeit des Fahrzeugs zur Drehzahl der Schraube. Es entsteht so bei dem Schiff- oder Flugzeugantrieb mit Schraube ein bedeutender Bereich höchster Unwirtschaftlichkeit, in dem der zur Fortbewegung benötigte Kraftaufwand in keinem Verhältnis zur erzielten Wirkung steht.

Blicken wir in die Natur, so sehen wir, daß diese das Gleichstromprinzip als Vortriebsfaktor in den beiden irdischen Flüssigkeiten, Luft und Wasser, ablehnt und statt dessen das Wechselstromprinzip bei ihren Lebewesen für die Vorwärtsbewegung zur Anwendung bringt. Bei der alles menschliche Verstehen übersteigenden Zweckmäßigkeit der natürlichen Gestaltung ist diese Bewegungsart der Vögel und Fische offenbar keine willkürlich oder zufällig entstandene, sondern der Grund hierfür ist die außerordentlich günstige, Kraft sparende und Kraft übertragende Wirkung der Schwingung, die in hohem Maße die einzelnen Individuen gegenseitig koppelt und durch die Resonanz bedeutende Kräfte im Erregerfeld frei werden läßt. Es unterliegt wohl keinem Zweifel, daß es der Natur ein Leichtes gewesen wäre, auch eine rotierende Bewegung bei ihren Lebewesen für die Fortbewegung anzuwenden, wie ja der Vogelflügel an seinen äußeren Teilen kreisähnliche Bahnen beschreibt. Wenn also die Natur das Wechselstromprinzip für die in der Atmosphäre und im Wasser lebenden Tiere bevorzugte, so mußten die Vorteile dieser Antriebsart in bezug auf Energieersparnis und Energieübertragung bedeutende sein.

Die Nachteile des Gleichstromprinzips vermeidet die Natur mit dem Schwingungsantrieb. Sie sorgt dafür, daß große

Flächen bei langsamer Bewegung in ständiger Berührung mit dem Element bleiben, so daß die eintretende Schlüpfung unter allen Umständen minimal bleibt. Der schwingende Fischkörper wird infolge seiner relativ langsam schwingenden Bewegung dem nachströmenden Wasser genügend Zeit lassen, um dem Druck der Flossen folgen zu können. Während die Schraube das Wasser außer nach rückwärts auch in eine drehende Bewegung versetzt, deren Reaktion für das Fahrzeug völlig nutzlos ist, bleibt bei der Schwingung die Eigenbewegung des Wassers sehr gering. Der Vortrieb erfolgt hier gleichsam als ein Gleiten auf einer schiefen Ebene, deren Richtung sich fortgesetzt ändert, deren resultierende Mittellinie jedoch in der Bewegungsrichtung liegt.

Ein weiterer Vorteil der schwingenden Bewegung ist die Möglichkeit der Abstimmung zwischen den Schwingungsbewegungen mehrerer Schwingungen erzeugender Tiere oder Organe. Durch die oszillatorische Bewegung eines Fischkörpers wird im Element eine Schwingung erzeugt, deren Periodenlänge und Amplitude von der Eigenschwingung des Fischkörpers abhängt. Diese Schwingungswelle breitet sich mit der ihr eigentümlichen Geschwindigkeit im Erregerfeld des Wassers aus und sucht alle im ihrem Bereich liegenden schwingungsfähigen Gebilde, z. B. andere Fischkörper in eine Schwingung von gleicher Periode und gleicher Amplitude zu versetzen. Führt nun ein solcher Körper selbst eine Schwingungsbewegung aus, die zu der Erregerwelle paßt, d. h. wenn sich der betreffende Körper auf diese Welle abstimmt, so erhält er aus der Energie dieser Welle einen Vortrieb, ohne selbst Kraft hierfür zu benötigen. Die außerordentlich interessanten Untersuchungen des bekannten Schwingungsforschers H. Schieferstein auf dem Gebiet des Schwingenfluges der Vögel haben einwandfrei ergeben, daß durch eine derartige Koppelung ermüdete, in einem Vogelzuge fliegende Kraniche weite Strecken von ihren Nachbarn mitgeschleppt wurden, wenn sie noch die Kraft besaßen, ihre Schwingen der Erregerwelle des Zuges entsprechend zu bewegen.

Wenn auch eine direkte Nachahmung der Bewegungen der natürlichen Lebewesen technisch nicht immer durchführbar und gerechtfertigt ist, so sind doch die aufgeführten Erscheinungen derart auffallende, daß die Technik nicht achtlos daran vorübergehen kann. Wir können die vergangenen hundert Jahre als das Säkulum der Rotation bezeichnen. Die Anzeichen sprechen dafür, daß das kommende Zeitalter in weit höherem Maße als bisher sich auch der Schwingung zur Fortbewegung bedienen wird. Und bei der Entwicklung und Vervollkommnung der Schwingungsorgane wird sich die Technik an die Schöpfungen der Natur anlehnen müssen, die unsere größte Lehrmeisterin ist.

I. Teil

1. Technische Begriffe

Unter dem Begriff „Schwingungen" verstehen wir im allgemeinen rhythmische, periodische Bewegungen von Körpern oder Körperteilchen innerhalb bestimmter, begrenzter Wegstrecken. Je nachdem, ob die bewegte Masse auf dieser Strecke zwangläufig in ihrer Bewegung geführt wird, oder infolge eines einmaligen Impulses durch die ihr erteilte Energie schwingt, kann man von zwangläufigen und von freien Schwingungen sprechen.

Ein Beispiel für die zwangläufige Schwingung bildet die Bewegung des Kolbens in einem Pumpenzylinder, bei der durch den Kurbelhub und die Umdrehungsgeschwindigkeit der Kurbel die Kolbenschwingung sowohl zwangsläufig erregt als auch geführt wird.

Eine freie Schwingung stellt dagegen die Bewegung eines Pendels dar, das nach einem Anstoß in dem seiner Gestaltung eigentümlichen Rhythmus so lange hin und her schwingt, bis die verschiedenen Widerstandsfaktoren die Schwingungsbewegung zum Stillstand bringen.

Die erstere Schwingungsart, die zwangläufig geführte Schwingung soll hier unberücksichtigt bleiben, da sie im Rahmen dieses Buches keine Bedeutung hat. Dagegen bildet die freie Schwingung in ihren verschiedenartigsten Modifikationen die Grundlage der weiteren Ausführungen. Es sollen deshalb zum besseren Verständnis der Materie die Grundbegriffe einer freien Schwingung kurz erläutert werden.

Trägt man die einmalige freie Hin- und Herschwingung eines Pendels auf einem Koordinatensystem graphisch auf, in dem die Abszissenachse die Schwingungszeit (t) und die verschiedenen Ordinaten den Schwingungsweg (*s*) darstellen, so ergibt sich das in Abb. 1 gezeigte Bild.

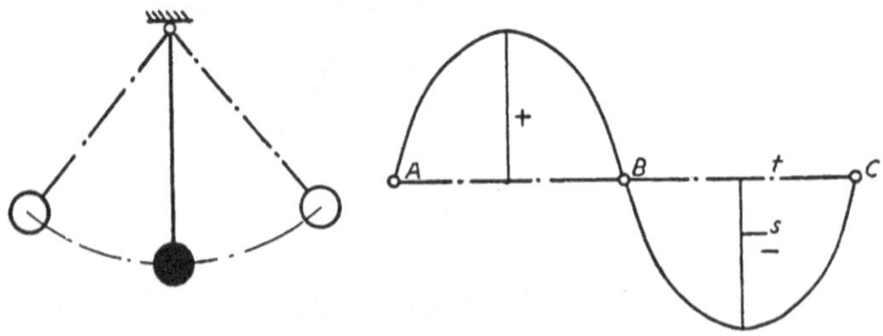

Abb. 1.

Es entsteht also hier die Kurve einer Sinusschwingung, die in zwei Hauptteile zerfällt, den positiven und den negativen Teil. Die gesamte einmalige positive und negative Kurve von Punkt *A* über *B* bis *C* bezeichnet man mit dem Ausdruck „Periode“ und die Hälfte dieser Periode mit „Wechsel“ oder „Halbschwingung“. Zu jeder Schwingung sind also mindestens zwei Wechsel, ein positiver und ein negativer, notwendig. Auf eine Bewegung, die nur einen Wechsel aufweist, ist der Begriff der Schwingung nicht mehr anwendbar.

Mit Amplitude wird diejenige Ordinate bezeichnet, die durch den Scheitelpunkt des Wechsels geht. Sie stellt also unmittelbar die größte Strecke dar, innerhalb der ein schwingungsfähiges System schwingt. Da die Amplitude zum Wechsel gehört, so treten bei einer Periode ebenfalls zwei Amplituden auf, die positive und die negative.

Werden in einer Zeiteinheit mehrere Schwingungsperioden nacheinander ausgeführt, so erhält man den Begriff „Frequenz“. Je nachdem, ob man die Sekunde oder die Minute als Maßstab wählt, spricht man von Sekunden- oder Minutenfrequenz und bezeichnet diese mit Perioden pro Sekunde oder pro Minute.

Ein durch einen einzelnen Impuls angestoßenes Pendel führt nun nicht nur eine einzige Schwingungsperiode aus, sondern schwingt durch die in ihm vorhandene kinetische Energie so lange hin und her, bis die äußeren Widerstandsfaktoren diese lebendige Kraft aufgezehrt haben. Die Schwingungswege oder die Amplituden werden also bei jedem Wechsel kleiner und kleiner werden, bis sie schließlich den Wert *O* annehmen. Die Periodenlänge dagegen bleibt während der gesamten Schwingungsbewegung die gleiche, da sie das Charakteristikum des betreffenden Pendels bildet. Die Frequenz eines Massenpendels liegt also bei einer einmal gewählten Ausführungsart von vornherein fest. Die Kurve einer derart gebremsten Schwingung ist in Abb. 2 dargestellt. Da die Widerstandsfaktoren, Luftwiderstand, Zapfenreibung, Lagerreibung usw. auf die Schwingung dämpfend einwirken, so bezeichnet man diese Schwingungen mit dem Ausdruck „Freie gedämpfte Schwingung".

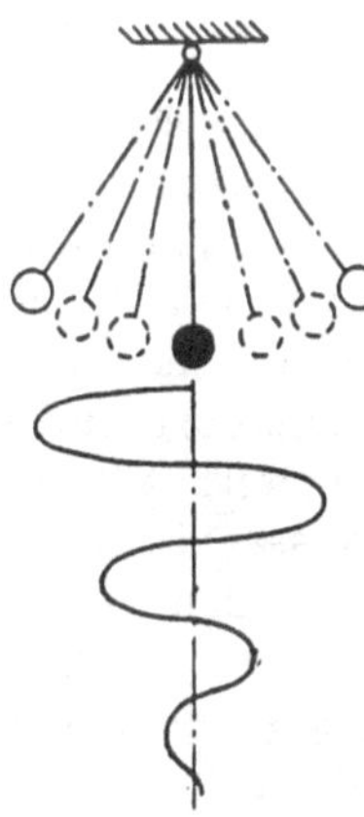

Abb. 2.

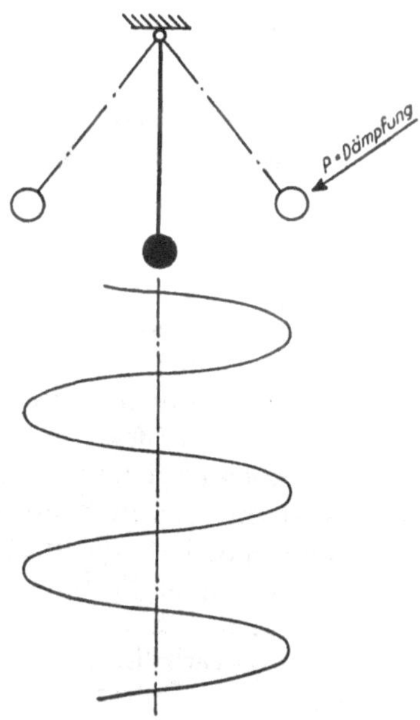

Abb. 3.

Wird dem schwingend erregten Organ von außen her nach Verlauf einer Periode die durch die Reibung an dem umgebenden Medium und in den Lagern usw. aufgebrauchte Energiemenge wieder zugeführt, so bleibt auch in den folgenden Perioden die Schwingungsamplitude gleich und es entsteht auf diese Weise der kontinuierliche Wellenzug nach Abb. 3. Diese Schwingungsart bezeichnet man als „freie ergänzte Schwingung".

Wird ein schwingendes Pendel mit einem zweiten schwingungsfähigen Pendel starr oder elastisch verbunden, so wird die von dem erregend schwingenden Pendel ausgehende Energie durch diese Verbindung auf das zweite Pendel übertragen und dieses zum gleichen Mitschwingen gezwungen. Eine derartige Verbindung zweier schwingungsfähiger Systeme bezeichnet man mit dem Ausdruck Kopplung und zwar bestehen zwei große Hauptgruppen, die feste und die lose Kopplung. Unter einem

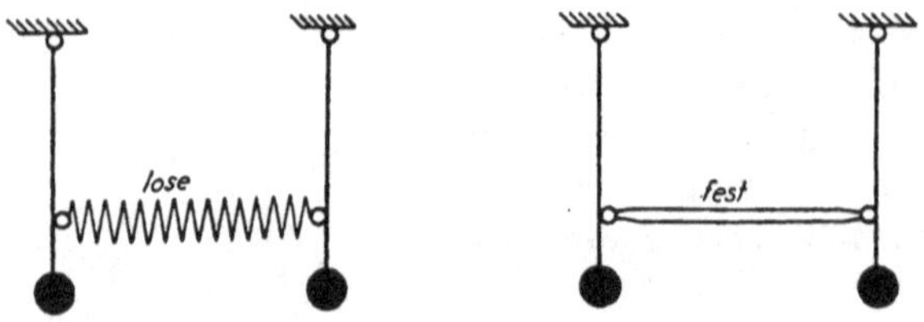

Abb. 4.

lose gekoppelten System versteht man ein solches, dem nur so viel Energie pro Periode oder Halbschwingung zugeführt wird, als bei einer gewünschten bestimmten Amplitude durch Dämpfung verbraucht wird. Die bei der zwangläufigen Schwingung angewendete feste Kopplung, durch die der schwingenden Masse abwechselnd kinetische Energie zugeführt und entzogen wird, hat im Zusammenhang mit den vorliegenden Untersuchungen und Betrachtungen kein Interesse. Dagegen hat die feste Kopplung in Verbindung mit potentiellen Schwingungen einer elastischen Fläche von geringster Masse an dieser Stelle Betrachtungswert für den technisch-biologischen Schwingungsvorgang, da besonders die Bewegungen der Fische auf dieser Kopplungsart aufgebaut sind. Die feste Verbindung aber zwischen einer elastischen Fläche und einer Kurbel ist unter Umständen auch eine lose Kopplung, nämlich dann, wenn $Aw/Am = 2\,\vartheta$ ist, d. h. wenn die zugeführte Energie kleiner ist als die im System schwingende.

2. Die verschiedenen Schwingungsarten

Alle Schwingungen zerfallen in drei große Hauptgruppen:

1. Die Pendelschwingungen.
2. Die Wellenschwingungen (Transversalschwingungen).
3. Die Pulsationsschwingungen (Longitudinalschwingungen).

Die Pendelschwingungen umfassen alle diejenigen Schwingungsvorgänge, bei denen rein örtliche, hin und her gehende Bewegungen einer Masse oder eines elastischen Massensystems auftreten. Die einfachste Form dieser Schwingungen stellt das im Erdfeld schwingende Pendel dar, dessen Bewegungen absolut an den Ort der Aufhängung gebunden und bei dem Fernwirkungen normalerweise primär nicht vorhanden sind. Pendelschwingungen finden im allgemeinen Maschinenbau in vielfachster Ausführung Anwendung, z. B. bei Schüttelsieben, Sortiermaschinen, Zerkleinerungsapparaten usw. Obwohl mit diesen letzteren Schwingungen, bei der die schwingenden Massen mit der erregenden Energiequelle entweder lose oder fest gekoppelt sein können, nicht die im allgemeinen übliche Vorstellung einer pendelnden Bewegung verbunden ist, so sind die Vorgänge doch prinzipiell gleich und unterscheiden sich nur durch die Art des Wegverlaufes. Während das Pendel mit seinem Massenmittelpunkt bei der Schwingung einen Kreisbogen beschreibt, wird im anderen Falle die Masse geradlinig geführt. Immer bleibt aber bei beiden das Eigentümliche der Pendelschwingung gewahrt, die rein örtliche, periodische Bewegung ohne unmittelbare Fernwirkung.

Die Pendelschwingung bildet jedoch einen außerordentlich wichtigen Faktor in Verbindung mit den beiden anderen Schwingungsarten, den Wellen- und den Pulsationsschwingungen. Sie stellt nämlich stets die primäre erregende Schwingung dar, durch die die Fernschwingungen sekundär hervorgerufen werden. Alle Energie also, die zur Erzeugung von Schwingungen irgendwelcher Art bestimmt ist, muß zunächst über eine Pendelschwingung geleitet werden, die dann ihrerseits die gewünschten Fernschwingungen auszulösen vermag.

Während die Pendelschwingungen Massenschwingungen sind, bei denen lediglich Beschleunigungs- und Verzögerungskräfte auf die schwingende Masse einwirken, ist bei den Wellenschwingungen außer der Masse noch eine andere Forderung zu erfüllen, die Elastizität und die leichte Verschiebbarkeit der Moleküle des schwingenden Mediums. Hieraus folgt, daß Wellenschwingungen nur dort auftreten können, wo eine leichte Molekularverschiebung möglich ist, also enwteder bei elastischen festen Körpern oder in flüssigen oder gasförmigen

Medien und im Äther. Sie unterscheiden sich von den Pendelschwingungen einmal durch ihre Gestaltung, die in der Form einer unmittelbar erkennbaren, sinusähnlichen Welle in Erscheinung tritt und durch die Eigenschaft der Wanderung dieser Welle innerhalb des schwingenden Systems bzw. Mediums.

Beispiele für die Wellenschwingung sind bei festen Körpern die wellenförmige Bewegung eines durch einen Impuls erregten Seils, das bei großer Länge zwischen zwei Festpunkten gespannt ist, ferner die im Winde flatternde Fahne, der schlängelnde Fischkörper, eine herabhängende, angestoßene Kette u. a. m. In Flüssigkeiten tritt die Wellenschwingung am reinsten als Oberflächenwelle in Erscheinung. Die Luftwellen, auf denen der Flug der wandernden Vögel vor sich geht, sind ebenfalls Wellenschwingungen, und schließlich sind noch an unmittelbar sichtbaren Wellenschwingungen die Wärmewellen der Luft zu erwähnen, die sich an heißen Sommertagen über das Land bewegen. Im Äther schwingt, ebenfalls in Wellenform, die elektrische Energie der Sendestation, die mit unfaßbarer Geschwindigkeit Nachrichten aller Art mit Hilfe der Radiotechnik über den Erdball und darüber hinaus zu verbreiten imstande ist.

Die Wellenschwingung ist eine Naturerscheinung, auf der sich die Fortbewegung fast aller Lebewesen aufbaut, die in den irdischen Flüssigkeiten, dem Wasser und der Luft, leben. Sie ist für die Erzeugung einer schwingenden Fortbewegung von größter Wichtigkeit und soll deshalb hauptsächlich den Ausgangspunkt für die nachfolgenden Untersuchungen bilden.

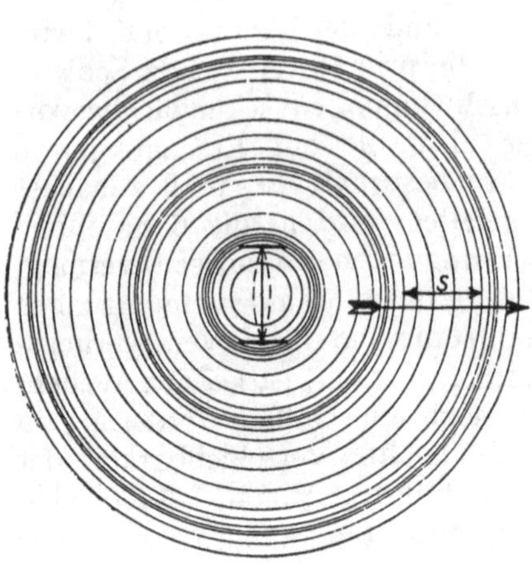

Abb. 5.

Die dritte Schwingungsart, die Pulsationsschwingung, stellt schließlich eine Schwingungsform dar, die zur Erzeugung von Vortriebskräften nicht geeignet ist. Sie tritt in der Hauptsache unsichtbar und ohne äußere Merkmale auf, und wird durch innere Druckunterschiede im Material oder Medium hervorgerufen. Die reinste Form der Pulsationsschwingung stellt den Schall dar, bei dem abwechselnd Zonen stark verdichteter und stark verdünnter Luft sich kugelförmig von der Erregerquelle ausbreiten und dadurch am Trommelfell des Ohres, der Schwingungszahl der Erregerquelle entsprechend, periodische Impulse auslösen, die als Schall zum Bewußtsein gelangen. Die Pulsationsschwingungen haben mit den Wellenschwingungen ebenfalls die Eigenschaft der Fortpflanzung und die Forderung der Elastizität des Mediums gemeinsam, unterscheiden sich aber durch die Art des Wegverlaufes der schwingenden Moleküle. Bei den Wellenschwingungen findet nämlich eine Molekularschwingung rechtwinklig zur Fortbewegungsrichtung der Welle statt, während bei der Pulsationsschwingung diese Molekularschwingung parallel zur Bewegung der Druckzonen erfolgt.

3. Die Abstimmung

Jede Schwingung stellt einen Arbeitsvorgang dar, bei dem eine Masse in der Zeiteinheit beschleunigt bzw. verzögert werden muß. Es ist also notwendig, daß zur Erzeugung einer schwingenden Bewegung Energie aus einer Kraftquelle dem schwingend zu erregenden Medium bzw. System zugeführt wird. Diese Energiezuführung muß sich hinsichtlich ihrer Größe selbstverständlich nach der bei der Schwingung verbrauchten Kraft richten, wenn keine Verschwendung mit der zur Verfügung stehenden Antriebsenergie getrieben werden soll. Hieraus folgt, daß entweder die Energie in demselben Rhythmus auf das schwingende System übertragen werden muß, in dem dieses selbst schwingt, oder aber der neue Kraftimpuls muß in demselben Augenblick erfolgen, in dem die der Masse bei ihrem ersten Anstoß erteilte kinetische Energie vollkommen aufgebraucht ist. Dieser Zeitpunkt würde z. B. bei einem Massenpendel bei dem extremsten Ausschlag vorhanden sein, also bei der größten Schwingungsamplitude. Erfolgt der neue Anstoß früher, so wirkt die in dem Massenpendel noch vorhandene Schwungkraft dem Impuls entgegen, der um denselben Energiebetrag geschwächt wird, den die Masse noch zum Ausschwingen zur Verfügung hatte.

Es leuchtet ein, daß es deshalb nur einen einzigen Zustand zwischen dem erregenden und erregten Organ geben kann, bei dem die Höhe der zuzuführenden Energie ihren minimalen Wert erreicht. Diesen Zustand bezeichnet man mit dem Ausdruck „Abstimmung" oder „Resonanz". Soll also ein schwingungsfähiges Gebilde oder eine Kombination solcher Gebilde den besterreichbaren mechanischen Wirkungsgrad aufweisen, so muß zwischen Energiequelle und den verschiedenen Schwingsystemen Abstimmung herrschen. Ohne Abstimmung kann keine vollständige freie periodische Schwingung zwischen einem schwingungsfähigen System und einer erregenden Energiequelle zustande kommen.

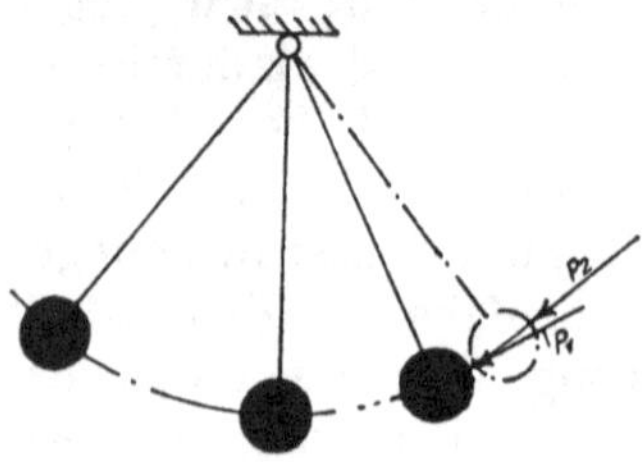

Abb. 6.

II. Teil

1. Die Schwingung in der Natur

Ein stiller Winkel auf einem märkischen See. Schwer lastet die Junisonnenglut auf dem mannshohen Schilfplan, der rechts und links das träge Boot umgibt. Das Ufer, das mit seinen gelben Schwertlilien und blauroten Kuckucksblumen und Vergißmeinnichtstauden durch die dort etwas lichter stehenden Rispen des Schilfrohrs herüberduftet, bildet den Abschluß eines Getreidefeldes, an dessen Halmen die kleinen unscheinbaren, grauen Staubfäden hängen, die den Erntesegen des Landes vorbereiten.

In meiner Hand liegt die lange Angelrute. Schon seit zwei Stunden sitze ich so und passe auf den großen Hecht, der immer um diese Zeit die Plötzen und Rotfedern herumjagt, die sich am Schilfrande tummeln. Aber trotz der scheinbaren Eintönigkeit gibt es doch keine Langeweile für die aufmerksamen Augen, die bald dem hoch in der Luft segelnden Königsmilan folgen, bald mit der Libelle über die Wasseroberfläche gleiten oder sich zum klaren Seegrund wenden, der grünlich-grau aus der Tiefe zum Ufer steigt.

Jetzt huscht dicht unter der Wasseroberfläche ein Stichlingsschwarm am Boot vorbei. Die kleinen Schwimmer halten gute Ordnung, alle in einem bestimmten Abstand voneinander. Sie scheinen zu wandern, denn sie streben alle gemeinsam einem unbekannten Ziele zu. Plötzlich fällt ein kleiner Käfer von einer Rispe auf die Wasserfläche, gerade in die Mitte des Stichlingsschwarmes. Wie ein Blitz schießt da einer der Fische empor, um das Insekt zu ergreifen, das im nächsten Augenblick in dem kleinen Rachen verschwunden ist.

Der Schwarm ist durch diesen einen Fisch wie aus dem Gleichgewicht geraten. Die vorderen Tiere schwimmen zwar noch immer gleichmäßig, aber die hinteren sind merklich zurückgeblieben. Man sieht es ihnen an, welche Anstrengung sie machen müssen, um wieder ihren Platz im Schwarm einzunehmen. Auch der Fisch, der den Käfer verschlang, versucht sich wieder anzuhängen. Aber nur mit großer Mühe kann er sich bis auf den Abstand, den die anderen Fische innehalten, heranarbeiten. Doch dann ist er am Ziel und folgt mit leichter Körperschwingung seinen Brüdern.

Es ist, als ob ein unsichtbares Band die Mitglieder eines solchen wandernden Fischschwarmes umschließt, als ob ein Wille kategorisch das Einzeltier zwingt, der gemeinsamen Bewegung zu folgen, und das Eigenwillige, das aus der Reihe tanzt, durch Mühe und Anstrengung straft. Das ermüdete oder schwächliche Tier aber wird bei guter Folgsamkeit von den Kameraden mitgeschleppt, als ob es an einem unsichtbaren Faden hängt.

Da schießt ein blauer Schatten wie ein Pfeil zwischen den harmlosen Fischschwarm. Doch ebenso schnell sind auch die kleinen Stachelflosser verschwunden, als ob sie plötzlich fortgezaubert wären. Und ehe dem Auge der Vorgang überhaupt richtig zum Bewußtsein gekommen ist, fährt der schlanke Räuber wieder herum und stürmt auf das Köderfischchen zu, das im nächsten Augenblick in seinem sägenartigen Rachen verschwunden ist. Ein Ruck an der Rute läßt den Angelhaken in den Fischschlund eingreifen; der Hecht ist gefangen.

Wer jemals als Jünger Petri einen starken Hecht an der Angel gehabt hat, der weiß, welche Anstrengung es kostet, die Beute richtig einzuholen. Es ist erstaunlich, welche Kraft ein solcher Fisch zu entwickeln vermag. Unmöglich wäre es, selbst mit einem schnellen Ruderboot so einem fortstürmenden Fisch folgen zu können, und dem Anfänger in der Angelkunst wird es mehr als einmal passieren, daß er einen Teil seiner so festen Angelschnur mitsamt dem Schwimmer auf Nimmerwiedersehen in die Tiefe des Sees hinabsausen sieht.

Eine Viertelstunde später zittert mein Schwimmer wieder. Diesmal ist es ein mittlerer Aal, der den kleinen Regenwurm als willkommene Delikatesse betrachtete. Ein Ruck befördert den dünnen Kerl über das Wasser und ins Boot. Doch dieses Mal sollte ich Pech haben. Kaum habe ich dem Aal den Haken aus dem Maul gelöst, als der Fisch sich plötzlich ringelt und, so fest ich auch die Hände zusammenpresse, mir aus den Fingern gleitet, als zöge eine unsichtbare Hand das glatte Tier heraus. Ja, fast ist es so, als ob ich dem geschmeidigen Körper noch zu Hilfe komme, wenn ich recht fest zufasse. So windet sich der Wurm heraus und plumpst in das Wasser, ehe ich ihn neu ergreifen kann, und verschwindet blitzartig in Schlangenlinien in der Tiefe.

Mein Mißgeschick verwünschend, werfe ich mit neuem Köder die Angel aus. Aber jetzt will kein Fisch mehr beißen. Dafür aber kommen die Mücken, diese Plagegeister. Ein feines Summen am Kopf zeigt mir an, daß mein sonnverbrannter Nacken das Angriffsziel des winzigen Quälteufelchens ist.

Eine abwehrende Handbewegung scheucht die kleinen Flieger vor mein Auge. Wie schnell die kleinen Flügel schwirren! Man sieht kaum ihre Bewegung. Aber den Schwingungston höre ich ganz deutlich. Vom Stimmen meiner Geige her habe ich noch die Stimmgabel A in der Tasche. Der Mückenton muß ganz dicht bei diesem A liegen. Und wirklich, bald etwas über, bald etwas unter dem Ton der schwingenden Stimmgabel summt der Mückenflügel vor meinem Ohr und zeigt mir dadurch an, daß das winzige Gebilde, das vor mir wie gewichtslos in der Luft auf und nieder tanzt, an die neunhundert Mal in der Sekunde die winzigen Tragflächen hin und her schwingt.

Schnell greift die Hand in die Luft und hält das Tier zerdrückt zwischen den Fingern. Und ein neues Wunder tut sich auf. Welch ein eigenartiges Verhältnis zwischen Antriebsorganismus und Flügel! Unbegreiflich erscheint die Leistung dieses zarten Körperchens, das stundenlang ununterbrochen die enorme Schwingungszahl der Flügel erregt. Und in der Tat, bei diesen Leistungen hört die Rechnung auf. Wir können hier nur staunend ein Wunder der Natur anerkennen, vor dem unsere Technik in Ehren die Fahne senken darf.

Da lenkt ein zweiter Insektenflieger den Blick auf sich. Eine herrlich metallisch schimmernde Libelle flattert über den gelben Seerosen. Die beiden Flügelpaare halten in eleganten Schwingungen den schlanken, weit nach hinten ragenden Leib mit wunderbarer Sicherheit im Gleichgewicht. Es ist eine der vielen Raublibellen, die die kleinsten der Fliegen und Insekten sich zur Beute erkoren haben. Und man sieht es, der kleine Kampfflieger versteht sein Fach! Oft steht der schwarze Strich rüttelnd über den Wasserblumen, dann schießt er wie ein Falk auf die Wasserfläche hinab, um im nächsten Augenblick wieder über dem hohen Schilf seinen Flug einem andern Ziele zuzuwenden.

Und wieder ein neues Bild! Pfeifenden Fluges kommt ein Schoof Wildenten über den See gestrichen. Noch sind sie hoch über dem dunkelgrünen Kiefernwald und streben gerade über meinen lauschigen Platz zum gegenüberliegenden Ufer. Es scheint eine Familie zu sein, denn ich erkenne genau ganz vorn die Alten, hinter ihnen die Jungen. Der Schwarm zeigt keine besondere Flugordnung, sondern die Tiere liegen in scheinbar unregelmäßiger Weise hinter- und nebeneinander, aber doch mit einem ganz bestimmten Abstand, der unmittelbar an die gute Marschordnung des vorhin beobachteten Fischschwarmes erinnert. Wie auf ein Zeichen geht der Schwarm plötzlich in die Kurve und in sausender Fahrt zur Wasserfläche hinunter. Aber kurz vor dem Berühren des Wasserspiegels steigen die Vögel noch einmal auf. Und mit bewundernswerter Exaktheit beginnen wieder die kräftigen Schwingungen der Flügel die Luft zu peitschen, alle Tiere des Schwarmes gleichzeitig, als ob ein Kommando die schnellen Flieger zusammenhält. Nach der zweiten Runde landet dann die kleine Gesellschaft im hohen Schilf und entzieht sich dadurch den Blicken.

Es ist, als ob sich vor dem aufmerksamen Beobachter ein ständiges Theater von höchster Wechselfülle und Vielseitigkeit abspielt. Immer neue Formen, neue Bewegungen, neue Wirkungen! Der Kranichzug, der trompetend in Keilform schwindelnd hoch über das grüne Land zieht, der Storch, der dort unter der weißen Kumuluswolke seine Kreise zieht, der Turmfalk, der rüttelnd wie ein festhängender Punkt am

Himmel nach Beute späht, ja, die Blindschleiche, die dort unter dem Uferstein in die Sonne blinzelt, alle haben sie andere Lebensbedingungen, andere Waffen und andere Gewohnheiten. Und der ganze Körperaufbau des einzelnen Tieres ist für den besonderen Lebenszweck des betreffenden Geschöpfes ganz entsprechend ausgebildet und zusammengesetzt.

Aber trotz dieser Fülle von Gestalten und Bewegungen tritt doch eine Grundform des Antriebs mit überwältigender Klarheit und Deutlichkeit in Erscheinung, die Schwingung. Sie bewegt den Fisch im Wasser, das Insekt und den Vogel in der Luft und die Schlange auf dem Lande. Und der trabende Fuchs, das wandernde Reh? Auch in ihnen schwingt der Rhythmus des Pendels, wie ebenfalls zwischen Roß und Reiter die Resonanz der Körperschwingung vorhanden ist.

Und selbst die Elemente fügen sich hinsichtlich ihrer Eigenschaften in den Rahmen der rhythmisch schwingenden Natur. Die Schallwellen tragen den Willen des Leittieres zu den Angehörigen des Schwarmes oder der Herde. Verratend oder warnend schwingt sich der Ton des plätschernden Wassers oder des brechenden Holzes schneller als der Wind zum arglosen Wilde. Flimmernd laufen die Wärmewellen über die duftenden Fluren, und der Wind, der frisch über das Getreidefeld streicht, gibt seine Schwingungsbewegung in den breiten Wellen kund, die das Korn dem wogenden Meere vergleichbar machen. Überall in der Natur, wo eine Bewegung auftritt und erkennbar wird, da bildet die Schwingung den Ausgangspunkt derselben und läßt den Verlauf der Bewegung mit höchster Zweckmäßigkeit und Wirtschaftlichkeit vor sich gehen.

2. Biomechanische Kritik

Im Jahre 1918 erschien in einer Reihe von illustrierten Zeitungsbeilagen die Abbildung eines eigenartigen Vogels, den unsere Flieger angeblich während des Krieges in Afrika erbeutet hatten. Es war dies der „Propellervogel", der in höchst sonderbarer Weise statt des Schwanzes zwei sich gegenüberstehende Schwungfedern besitzen sollte, die nach der Aussage der Flieger, die den Vogel „erbeutet" hatten, während des Fluges in ähnlicher Weise wie ein Flugzeugpropeller bewegt werden sollten. In der Unterschrift wurde gesagt, daß dieser Vogel den unumstößlichen Beweis darstelle für den richtigen Weg, den die Flugtechniker bei der Konstruktion der modernen Flugzeuge beschritten hätten.

Auch heute gibt es eine ganze Anzahl von durchaus ernst zu nehmenden Technikern, die diese Zeitungsmeldung als einen wahren Bericht über eine natürliche Tatsache hinnehmen. Deshalb ist es vielleicht zweckmäßig darauf hinzuweisen, daß ein derartiges Geschöpf vom biotechnischen Standpunkt aus absolut unmöglich ist, weil einerseits kein Lebewesen in der Lage ist, eine Rotation mit seinen Gliedmaßen auszuführen, und anderseits die Natur eine derart unwirtschaftliche Anordnung, wie sie die quer zur Flugrichtung stehenden Propellerflügel darstellen, auf keinen Fall ausbildet.

Es ist aber doch weiterhin nicht von der Hand zu weisen, daß dieser „natürliche Beweis" der Richtigkeit des heutigen Flugzeugantriebes, wenn von einem solchen Beweis überhaupt gesprochen werden kann, in mehr als einer Beziehung an den Haaren herbeigezogen erscheint. Man könnte doch mit weitaus größerer Berechtigung diesen Vergleich des Flugzeugs mit dem Propellervogel als ein äußerst dürftiges Argument für die Verfechtung der Schraube ansehen, weil dieser Vogel, wenn es keine „Ente" ist, zumindest außerordentlich selten ist, anderseits aber die größere Zahl der fliegenden Tiere sich mit Hilfe einer anderen Bewegungsart fortbewegt, die nicht nur den Anforderungen der Existenz vollkommen genügt, sondern darüber hinaus in jeder Beziehung vorbildlich erscheint.

In der heutigen Technik schälen sich deutlich zwei Vertretergruppen sich widerstrebender Meinungen aus dem wissenschaftlich arbeitenden Gros heraus: die Verfechter der Rotation und diejenigen der Schwingung. Die Vertreter der ersteren Anschauung behaupten, daß die rotierende Bewegung, also die Bewegung einer allseitig sich in Lagern drehenden Welle, als Antriebsart von Fahrzeugen aller Art die beste und wirtschaftlichste sei und daß alle hin und her gehenden, also alle schwingenden Bewegungen, vom technischen Standpunkt aus wegen der dabei auftretenden Massenkräfte und

Gegendrücke oder Querbeschleunigungen unzweckmäßig seien. Ferner wird von dieser Seite behauptet, daß in der Natur nur deshalb die Schwingung als Vortriebsart Anwendung gefunden hätte, weil die Schöpfung gar nicht in der Lage sei, rotierende Bewegungen bei ihren Lebewesen auszubilden, deshalb also auch die menschliche Technik in der Erzeugung wirtschaftlicher Vortriebskräfte der Natur überlegen sei. Ein bekannter Wassertechniker schreibt z. B. in der Zeitschrift „Die Yacht" im Jahrgang 1926 bei der Besprechung des Fischschwanzantriebes: „Wäre die Natur in der Lage, rotierende Antriebsorgane herzustellen und betriebssicher zu gestalten, so dürfte man annehmen, daß auch der Fisch einen derartigen Antrieb erhalten hätte."

Mit der gleichen Hartnäckigkeit versucht ein Teil unserer Flugtechniker den Schwingenflug der Tiere dahingehend zu deuten, daß diese Vortriebsart zwar ein ganz guter Notbehelf der Natur und ein brauchbarer Ersatz für den primären Rotationsantrieb sei, daß aber diese Antriebsart in der Flugtechnik wegen Unwirtschaftlichkeit und komplizierten Aufbaues zu verwerfen sei und niemals die Vorteile des starren Motor-Propelleraggregates aufwiegen könne.

Die Verfechter des Schwingungsantriebes gehen von einer anderen Anschauungsgrundlage aus. Während die Anhänger des Rotationsantriebes die Frage stellen: „Weshalb hat die Natur den Rotationsantrieb nicht angewendet", ist die Fragestellung der Schwingungsanhänger kausal, also: „Weshalb wendet die Schöpfung überall den Schwingungsantrieb bei ihren Lebewesen an und nicht den Rotationsantrieb?" Im Gegensatz zur ersteren Gruppe geht die Ansicht der Biotechniker dahin, daß es der Natur sehr wohl möglich gewesen wäre, auch den Rotationsantrieb bei ihren Geschöpfen zur Anwendung zu bringen, wenn die letztgenannte Antriebsart für die Lebensbedingungen der Lebewesen die zweckentsprechendere darstellen würde.

Selbstverständlich ist eine klare und eindeutige bejahende oder verneinende Antwort auf diese beiden Fragen aus dem einfachen Grunde unmöglich, weil für beide Behauptungen der Beweis im mathematischen Sinne nicht erbracht werden kann. Es kann nur von beiden Seiten auf Grund logischer Gedankengänge eine Rechtfertigung der gegensätzlichen Behauptung entwickelt werden, die zu dem einen oder anderen gewünschten Resultat führt.

Wenn wir zunächst die Streitfrage außer Behandlung lassen, ob die Natur rotierende Bewegungen bei ihren Lebewesen hätte anwenden können oder nicht, so ist der Gedankengang der Rotationsanhänger etwa folgender: Die heutige kulturell hochentwickelte Generation der Menschheit ist mit den Geschöpfen der freien Natur nur noch in wenig Punkten zu vergleichen. Der Lebenskampf des modernen Menschen spielt sich unter ganz anderen Verhältnissen ab als der des frei lebenden Tieres. Zur Erzielung von Höchstleistungen zur Befriedigung der Lebensbedürfnisse hat der Mensch Voraussetzungen geschaffen, die durch den rotierenden Antrieb in idealer Weise höchste Wirtschaftlichkeit gewährleisten. Die schwingende Pendelbewegung des Gehens z. B. ist nur noch dort am Platze, wo keine Kunststraßen die Rotation eines Beförderungsmittels erlauben. Es liegt also gar keine Veranlassung vor, den rotierenden Antrieb von Landfahrzeugen, der sich durch Jahrtausende bewährt hat, etwa durch den komplizierten Mechanismus eines gehenden Systems ersetzen zu wollen oder gar eine schlängelnde Bewegung anzustreben. Jede Fortbewegung in unserem heutigen Leben stellt nur in geringem Maße Selbstzweck dar, sondern dient in der Hauptsache zur Beförderung von dinglichen Massen. Es wäre also widersinnig, wenn man z. B. die Räder einer Lokomotive durch gehende Bewegungsorgane nach Art der Pferdebeine ersetzen wollte.

Bei Luft- und Wasserfahrzeugen liegen die Dinge ähnlich wie auf dem festen Lande, nur daß hier der Unterschied vorliegt, daß weder auf dem Wasser noch in der Luft die Möglichkeit vorhanden ist, Straßen im engeren Sinne zu schaffen, wie dies auf dem festen Lande möglich ist. Vielmehr kann hier nur durch eine entsprechende Führung eines Flusses oder Kanals dem Verlauf des Wasserarmes eine bestimmte Richtung gegeben werden, ohne daß dadurch die Eigenschaften des Wassers oder der Luft sich ändern.

Der Vortrieb dieser Fahrzeuge ist nun, dem Bestreben der Technik entsprechend, mit den einfachsten Mitteln bestmögliche Leistungen zu erzielen, mit Hilfe des Gleichstromprinzips durchgeführt worden, bei dem die Fortbewegung infolge der gleichförmigen und dauernden Beschleunigung einer ruhenden Luft- oder Wassermasse entsteht. Diese Beschleunigung wird durch die Verwendung von Schraubenpropellern, die von der umlaufenden Welle der Energiequelle direkt angetrieben werden, auf eine nahezu ideale Weise erreicht, nur daß hierbei Faktoren mit in Kauf genommen werden müssen, die den Wirkungsgrad der Schraube stark beeinträchtigen. Die Vorteile des starren Antriebes überwiegen jedoch die Nachteile des relativ schlechten Wirkungsgrades.

Auf der anderen Seite wird folgende Ansicht vertreten: Selbstverständlich bildet die rotierende Bewegung zur Erzielung eines Vortriebes auf dem festen Lande die ideale Antriebsart, weil bei allen Landfahrzeugen eine feste Kupplung der Vortriebsorgane mit dem Boden möglich ist und dadurch Schlupf- und Gleitverluste normalerweise nicht auftreten. In den Flüssigkeiten jedoch, dem Wasser und der Luft, tritt infolge der leichten Verschiebbarkeit der Moleküle ein Faktor von außerordentlicher Bedeutung auf, nämlich die Eigenschaft dieser Elemente, schwingend erregt werden zu können. Da nun die bereits oben erwähnten Fernschwingungen, also in dem hier interessierenden Zusammenhang die Wellenschwingungen, Fernwirkung haben, d. h. sich mit einer bestimmten Geschwindigkeit vom Ort ihrer Erregung fortpflanzen, so liegt bereits in dieser Eigenbewegung der Welle eine Vortriebsmöglichkeit begründet, die durch Anwendung entsprechender Antriebsorgane nutzbar gemacht werden kann. Diese schwingende Erregbarkeit des Wassers und der Luft wird von den Tieren mit geradezu bewundernswerten Geschick ausgenutzt, wobei Leistungen erzielt werden, die vom technischen Standpunkt einfach unbegreiflich sind. Wenn also diese Leistungen so außerordentliche sind, so muß prinzipiell der Wechselstromantrieb auch in die Technik übertragen werden können, natürlich immer innerhalb von Grenzen, die unser technisches Empfinden und Urteilsvermögen uns ziehen müssen.

Während Vogel und Flugzeug nämlich hinsichtlich ihrer Fortbewegungsmöglichkeit im Luftmeer unmittelbar mit einander vergleichbar sind, unterscheiden sich Fisch und Schiff sehr wesentlich dadurch, daß der Fisch stets unter Wasser schwimmt, das Schiff dagegen nur teilweise in das Wasser taucht und auch dieser eingetauchte Teil häufig, z. B. bei schwerem Seegang, sich über den Wasserspiegel erhebt. Der Fisch kann also nur mit dem untergetauchten Unterseeboot oder dem Torpedo verglichen werden, bei dem der gesamte Körper von Wasser umgeben ist. Solange das Antriebsorgan jedoch unter Wasser bleibt, ist auch beim Schiff die Gleichstellung mit dem Fisch berechtigt.

Der Vergleich zwischen Tier- und technischen Bewegungen ergibt also nach Anhörung beider Parteien, daß auf dem festen Lande der rotierende Primärantrieb zweifellos der für die Lösung der technischen Aufgaben der Menschheit zweckentsprechendste ist. Über die Anwendbarkeit des Wechselstromprinzips im Wasser und in der Luft gehen dagegen die Ansichten auseinander. Der Rotationsantrieb hat allerdings auch hier bis jetzt die größten Erfolge aufzuweisen und er wird auch — darüber sind sich wohl beide Parteien einig — in der Zukunft für große Dimensionen sowohl beim Schiff als auch beim Flugzeug die gegebene Propulsionsart bleiben. Bis zu einer bestimmten Größenordnung jedoch wird der Schwingungsantrieb sicherlich dem Rotations-, also dem Gleichstromantrieb mindestens gleichwertig, wenn nicht überlegen sein.

Zu dieser Annahme berechtigt in erster Linie die kausale Fragestellung: W e s h a l b hat die Natur überall das Wechselstrom- oder Schwingungsprinzip angewendet trotz des komplizierten Aufbaues des tierischen Antriebsmechanismus? Die Antwort liegt in der Zweckmäßigkeit des Prinzips selbst. Die Schwingung ist eben so außerordentlich wirtschaftlich und wirkt in so hohem Maße Kraft sparend, daß ein anderer Antrieb gar nicht in Betracht kommen kann. Man denke sich z. B. einen Schwarm Fische, die alle in derselben Richtung schwimmen, mittels Schraubenpropellers statt durch den schwingenden Körper vorwärts getrieben, so wird doch ohne weiteres erkennbar, daß eine geordnete Schwarmbewegung absolut unmöglich wäre. Durch den Schraubenstrahl des Leittieres wäre es doch keinem folgenden Tier möglich, im

Schwarm zu bleiben, da es direkt von dem zurückströmenden Wasser zurückgedrängt werden würde. Dagegen ermöglicht gerade die Schwingung das enge Beieinanderschwimmen in geschlossener Schwarmordnung, ohne daß die Tiere sich überhaupt stören oder belästigen.

Aber auch außerhalb des Schwarmes ist es für das Einzeltier bedeutend leichter, sich mit schwingender Bewegung fortzubewegen, als dies durch einen Rotationsantrieb überhaupt möglich sein würde. Dies geht schon aus der Überlegung hervor, daß der Vortriebswirkungsgrad um so besser wird, je mehr Wasser von dem Vortriebsorgan erfaßt und bewegt werden kann. Der Fischkörper beschleunigt das Wasser an seiner ganzen Körperlänge entlang, während ein Schraubenpropeller nur in der Schraube selbst das Wasser beschleunigt. Wir haben aber auch in der Natur Beispiele dafür, wie sich Tiere, die ursprünglich reine Landsäugetiere sind, im Wasser hinsichtlich ihrer Bewegungen außerordentlich dem Fisch nähern. Es sind dies der Fischotter und der Biber. Bei beiden ist der Schwanz lang und stark und flach gehalten, und wer einmal einen Fischotter beobachten konnte, wie er sich im Wasser vorwärts schlängelt, der wird davon überzeugt sein, daß hier keine Liebhaberei der Natur vorliegt, sondern eine Zweckmäßigkeitsausbildung, die nicht zu übertreffen ist.

Aus allen diesen Betrachtungen geht hervor, daß die natürliche Gestaltung sich unbedingt bei der Ausbildung aller Geschöpfe vom Zweckmäßigkeitsprinzip hat leiten lassen und daß nur solche Bewegungen und Vortriebsarten gewählt wurden, die sich den natürlichen Anforderungen des Daseinskampfes am besten und zweckentsprechendsten anpassen. Wenn auf der einen Seite behauptet wird, daß die Rotation von der Natur nicht durchgeführt werden kann, so ist dem gegenüberzustellen, daß einerseits die Rotation eine Bewegung ist, die bereits von dem ersten Ackerbauern in höchst primitiver Weise bei den ältesten Ochsenkarren zur Anwendung kam, also als etwas vom technischen Standpunkt aus außerordentlich Einfaches zu bezeichnen ist, anderseits aber die Natur technische Leistungen vollbringt, die auch unsere heutige Technik und Wissenschaft als große, unlösbare

Rätsel in ihren überwältigenden mystischen Erscheinungen anerkennen muß. Trotz der großen Fortschritte in der Wissenschaft ist z. B. bis heute keine Erklärung des Herzschlages und der Zeugung in einwandfreier Form gelungen. Vielmehr stellen diese beiden Beispiele, die in vielfachster Weise ergänzt werden können, Beweise von einer technischen Leistungsfähigkeit der Natur dar, gegenüber der die Rotation als die simpelste Bewegung, die überhaupt denkbar ist, bezeichnet werden muß.

Es kann überhaupt in diesem Zusammenhang die durchaus gerechtfertigte Behauptung aufgestellt werden, daß ein objektives Urteil über die Streitfrage, ob die Natur die Rotation anzuwenden in der Lage sei oder nicht, nur vom Biologen, nicht aber vom Techniker abgegeben werden kann. Und gerade in der Biologie wiegt unbedingt die Ansicht der bedeutendsten Forscher über, daß lediglich und nur das Zweckmäßigkeitsprinzip das Leitmotiv der natürlichen Gestaltung sei, daß nichts, auch nicht der kleinste Teil im Organismus, umsonst vorhanden sei, sondern daß sich der ganze Körper den Anforderungen des Daseinskampfes in idealer Weise anpaßt. Der bedeutende Entwicklungsphysiologe, Professor Roux in Halle, der der maßgebende Forscher auf diesem Gebiete war, hat in seinen zahlreichen Schriften stets den Standpunkt vertreten, daß die Natur bei ihren Lebewesen nur die Bewegungsarten ausbildet, die zur bestmöglichen Erhaltung der Existenz des Einzeltieres die geeignetsten sind und daß auch sicherlich eine Rotation der einzelnen Organe durchgebildet worden wäre, wenn diese Bewegung der Schwingung überlegen sei. Und einer der bekanntesten Schüler Professor Roux', Dr. med. Placke, sagte dem Verfasser gelegentlich einer Unterhaltung über dieses Thema folgendes: „Wir Biologen können uns in keiner Weise diesen vorschnell hingeworfenen Behauptungen der Techniker anschließen. Die Natur kann alles, was sie für zweckmäßig hält, und der fliegende Vogel, der schwimmende Fisch, ja selbst die schleichende Katze sind für mich unumstößliche Beweise der Zweckmäßigkeitsgestaltung der Natur, die in gleicher Weise durch die Rotation nicht im Entferntesten erreichbar ist."

3. Rationale und irrationale Schwingungen

Alle Bewegungen, die zur Fortbewegung der natürlichen Lebewesen dienen, setzen sich aus hin und her gehenden Schwingungen zusammen. Da jedoch diese Schwingungen bei den Landtieren Pendelschwingungen sind, die ganz nach Belieben hinsichtlich ihrer Frequenz beeinflußbar sind, so kann man in dem einen Fall beim periodischen Gang der Wandertiere von rationalen Schwingungen sprechen, während die unregelmäßige Bewegung der Gliedmaßen bei dem äsenden Hasen oder der schleichenden Katze als irrationale Schwingung bezeichnet werden kann. Irrationale Schwingungen treten nur bei den Landgeschöpfen auf, während bei den im Wasser oder in der Luft lebenden Tieren, von einigen Kerfen abgesehen, ausschließlich rationale Schwingungen in reinster Form auftreten.

Die irrationalen Schwingungsvorgänge sind als Antriebsart belanglos, da sie für die Technik nicht auswertbar sind und auch kein Anwendungsgebiet finden dürften. Dagegen sind seit einiger Zeit Bestrebungen im Gange, rationale Pendelschwingungen bei Schleppern anzuwenden, die vorzugsweise auf stark versumpften Gebiet arbeiten müssen. Besonders für die Moorkultur haben derartige Traktoren, die sich auf periodisch auf und nieder bewegten großen Platten fortbewegen, außerordentlich günstige Resultate erzielt und sich sogar den bisher üblichen Raupenschleppern als überlegen gezeigt. Sowohl Bodendruck als auch Zugkraft befriedigten bei den Versuchsarbeiten in jeder Beziehung, ein Beweis dafür, daß innerhalb genau umgrenzter Gebiete, nämlich dort, wo Kunststraßen fehlen, und für bestimmte Zwecke sehr wohl auch die periodische Pendelschwingung mit Erfolg in der Technik Anwendung finden kann.

4. Gemischte Schwingungen

Eine Kombination einer Pendelschwingung mit einer Rotation finden wir in der Natur bei der Flügelbewegung der fliegenden Tiere. Obwohl die äußeren Teile dieser Flügel annähernd Kreiskurven beschreiben, so fehlt doch bei diesen

Bewegungen das eigentliche Merkmal der Rotation, die drehende, kontinuierliche Bewegung um die Längsachse. Die Abbildungen 7 und 8 lassen den grundsätzlichen Unterschied zwischen beiden Bewegungen erkennen. Die Flügelbewegungen der Vögel und der Insekten sind bekanntlich

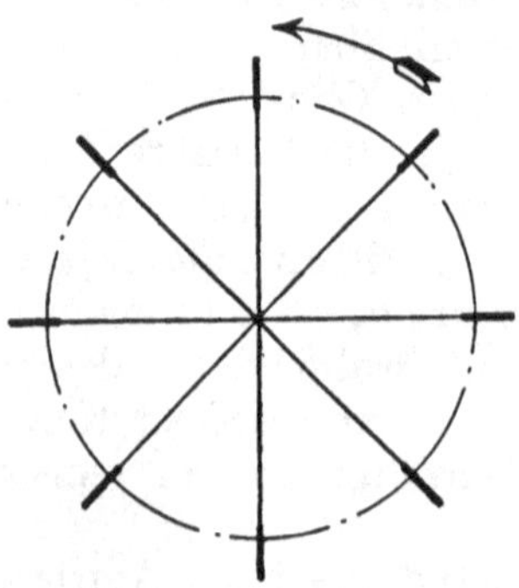

Abb. 7. Rotation.

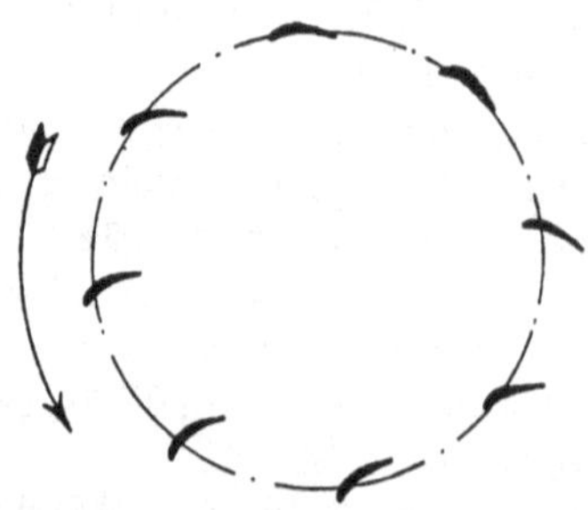

Abb. 8. Flügelschwingung.

keine auf- und abschwingenden, wie dies beim Anblick eines fliegenden Tieres zunächst betrachtet der Fall zu sein scheint, sondern es treten kubische Pendelschwingungen auf, deren eingeschlossener Körper die Form eines mehr oder weniger seitlich abgeplatteten Kegels hat. Aber auch diese Pendelschwingungen sind hierbei nicht in reiner Form ausgeprägt, weil die Masse der Flügel sehr gering ist und deshalb ein wesentliches Moment der Pendelschwingung nur andeutungsweise vorhanden ist. Man kann vielmehr die Flügelschwingung der Vögel als eine gemischte Pendel- und Wellenschwingung ansehen, weil bei der Fortbewegung des Vogels die Umfangsgeschwindigkeit der Flügel gegenüber der Fluggeschwindigkeit zurückbleibt und dadurch die primär drehende Bewegung des Flügels in eine Viertel-Wellenschwingung umgewandelt wird, bei der wiederum die Pendelbewegung die erregende Bewegung darstellt. Diese Erscheinungen sind im Abschnitt IV eingehender beschrieben und sollen an dieser Stelle deshalb nur andeutungsweise gestreift werden.

III. Teil

1. Die Schwingung als Vortriebsfaktor im Wasser

a) Eigenschaften des Wassers

Um die Vortriebswirkungen, die durch die schwingende Bewegung im Wasser hervorgerufen werden, in ihrer Entstehung klar erkennen zu können, ist es zweckmäßig, daß im Zusammenhang mit diesen Erscheinungen die Eigenschaften des den Vortrieb erzeugenden Mediums, des Wassers ganz kurz betrachtet werden. Das Wasser stellt eine Flüssigkeit dar, deren Moleküle sich außerordentlich leicht verschieben und voneinander trennen lassen. Die Kohäsion des Wassers ist also im Gegensatz zu andern Flüssigkeiten, z. B. Öl sehr gering, wohingegen die Adhäsion, das Haftvermögen an benetzten Körpern recht bedeutend ist.

Ferner stellt die Verdichtbarkeit des Wassers eine Eigenschaft dar, die für die Reaktion eines Kraftimpulses von wesentlicher Bedeutung ist. Diese Verdichtbarkeit ist aber derart gering, daß sie erst bei außerordentlich hohen Drücken überhaupt bemerkbar ist. Für praktisch auftretende Verhältnisse kann das Wasser deshalb als inkompressibel angesehen werden.

Diese drei wichtigsten Eigenschaften des Wassers, die geringe Kohäsion, die relativ große Adhäsion und die Unverdichtbarkeit des Wassers bilden diejenigen Faktoren, die bei der Entwicklung jedes Vortriebsorgans berücksichtigt werden müssen.

b) Die Fortbewegung der Fische

Der Fisch bewegt sich im Wasser bekanntlich nicht nur in der Richtung seiner Längsachse vorwärts, sondern er führt auch Bewegungen um seine Hoch- und Querachse aus und ist infolgedessen in der Lage, sich in seinem Medium in dreidimensionaler Richtung fortzubewegen. In dieser grundsätzlichen Eigenschaft ähnelt er dem Vogel, der ebenfalls in der Luft Höhen-, Seiten- und Querbewegungen ausführen kann. Während jedoch der Vogel seine Höhenbewegung, also seinen Auftrieb rein dynamisch erzeugt, wird der Fisch, z. B. der Karpfen, bei normaler Bewegung nur zum geringen Teil dynamisch emporgehoben, sondern er bedient sich bei der Auf- bzw. Abwärtsbewegung seines Körpers der Schwimmblase, durch deren statisch wirkende Hubkraft die Änderung der Höhenlage bewirkt wird.

Ferner besteht zwischen Fisch und Vogel noch insofern ein sehr wesentlicher Unterschied, als der Vogel stets schwerer ist als die Luft, während sich der mit einer Schwimmblase ausgerüstete Fisch im Wasser im indifferenten Gleichgewicht befindet. Aus diesem Grunde bedeutet für den Fisch mit Schwimmblase eine Aufwärtsbewegung keine größere Energieabgabe als die horizontale Fortbewegung, da sich mit Hilfe der Schwimmblase in jeder Höhe automatisch das indifferente Gleichgewicht einstellt und der Fisch auf diese Weise im Wasser gewichtslos ist.

Für die Einleitung und Innehaltung von dynamischen Bewegungen innerhalb der drei Richtungen des Raumes stehen dem Fisch eine Anzahl von Organen zur Verfügung, die durch ihre spezifische Anordnung die ihnen von der Natur zugewiesenen Funktionen erfüllen. Es sind dies die Flossen, innerhalb relativ engbegrenzter Wege bewegliche, fächerartig zusammenlegbare, hochelastische Flächen, die bei allen Fischen gleichartig angeordnet sind. Sie sitzen entweder gelenkig am Körper oder aber sie sind fest und

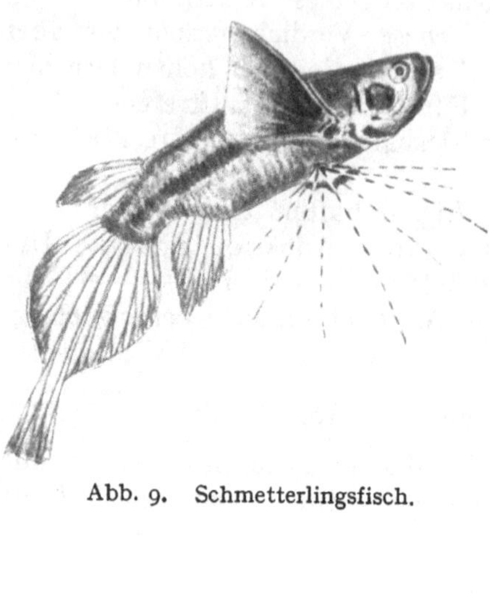

Abb. 9. Schmetterlingsfisch.

unbeweglich als eine Art Verlängerung der Wirbelsäule angeordnet. Zu den gelenkigen Flossen gehören die Brust- und die Bauchflossen, die paarweise beiderseits des Fischkörpers sitzen und nach Belieben sowohl glatt an den Körper angelegt als auch fächerförmig abgespreizt werden können. Diese Flossen stellen für den Fisch die Höhensteuerorgane dar und sind insofern mit dem Flügel des Vogels vergleichbar, als sie nicht nur zur Einleitung einer Höhen- oder Tiefenbewegung dienen, sondern auch Gleitflächen darstellen, auf denen der Fisch abwärts gleiten kann. Sie dienen aber auch weiterhin zur Aufrechterhaltung des seitlichen Gleichgewichts, obwohl diese Funktion wohl selten erfüllt werden muß, da der Fisch sich infolge seiner hochgelegenen Schwimmblase stets im stabilen Gleichgewicht befindet und deshalb automatisch in seine senkrechte Körperlage zurückpendelt. An der seitlichen Stabilisierung haben auch die Bauchflossen einen ständigen Anteil.

Die beweglichen Flossen haben auch weiterhin in beschränktem Maße die Aufgabe, den Vortrieb des Fischkörpers bei langsamen Bewegungen zu erzeugen. Die Brust- und Bauchflossen sind deshalb bei der Nahrungsaufnahme der Fische in ständiger Bewegung und versetzen den Fisch in die Lage, an einem bestimmten Standort längere Zeit zu verweilen, ohne von der Strömung oder Dünung fortgetrieben zu werden. Sie dienen auch zur gelegentlichen Rückwärtsbewegung des Körpers, wenn dies zwischen Hindernissen notwendig wird, und erfüllen auf diese Weise die Aufgabe eines Ruders auf einem Segelboot. Fisch und Segelboot haben ja insofern gleiche Eigenschaften, als sich beide normalerweise nur vorwärts bewegen können und zur Rückwärtsbewegung Hilfsorgane benötigen, die vom Hauptantriebsorgan unabhängig sind. Diese Hilfsantriebsorgane sind beim Fisch die beweglichen Flossen und bei einem Segelboot die Ruder.

Außer den beweglichen Flossen verfügt der Fisch noch über drei weitere Flossen, die Rücken-, After- und Schwanzflosse. Diese Flossen dienen in der Hauptsache zur Fortbewegung und zur Steuerung des Fisches. Insbesondere gilt das erstere von der Rückenflosse, deren Aufgabe meistens verkannt wird. Da der mit einer Schwimmblase ausgerüstete Fisch infolge seiner über dem Systemschwerpunkt liegenden Schwimmblase eigenstabil ist, so

Abb. 10. Blattfisch.

ist außer der Brust- und Bauchflosse gar keine besondere Stabilisierungsflosse notwendig, sondern der Fisch richtet sich selbsttätig und mit Hilfe seiner Brustflossen wieder aus einer schiefen Lage auf. Ganz abgesehen hiervon, ist es aber dem Fisch auch gar nicht möglich, die Rückenflosse zur Stabilisierung heranzuziehen, da sie infolge ihrer starren Befestigung im Körper keine aufrichtenden Bewegungen ausführen kann.

Die Rücken- und Afterflossen, die nach Belieben gespreizt oder zurückgelegt werden können, dienen vielmehr dazu, dem Fischkörper eine größtmögliche Höhe zu verschaffen. Bei manchen Fischarten sind diese Flossen beiderseits des Körpers durchgehend angeordnet, so daß eine außerordentlich große Fläche entsteht, die dem Wasser bedeutenden seitlichen Widerstand bietet. Wie weiter unten gezeigt werden wird, ist diese Vergrößerung der Körperfläche in vertikaler Richtung ein sehr wesentlicher Faktor zur Erzeugung von Vortriebsschwingungen.

Nur in wenigen Fällen erstreckt sich die Rückenflosse über den ganzen Rücken des Fisches. Bei der großen Mehrzahl der Fische nimmt sie nur einen Teil des Rückens ein. In manchen

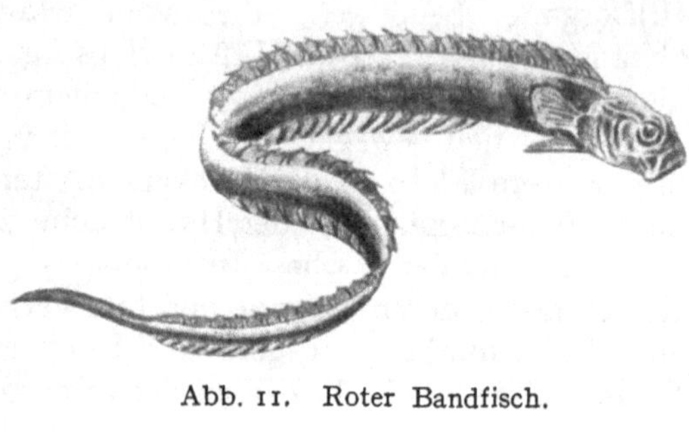

Abb. 11. Roter Bandfisch.

Fällen ist sie noch deutlich unterteilt, besonders bei den Stachelflossern, so daß ein deutlicher Zwischenraum zwischen Rücken- und Schwanzflosse entsteht. Fast immer ist aber die Schwanzflosse scharf von der Rückenflosse getrennt, selbst bei den Fischen mit durchgehenden Flossen, die kurz vor dem eigentlichen Schwanz aufhören. Eine Ausnahme hiervon macht der Aal und einige aalartige Fische, die Riemenfische, bei denen eine besondere Schwanzflosse fehlt und die Rückenflosse um das flache Körperende herumläuft.

Die Schwanzflosse des Fisches stellt die Verlängerung der Wirbelsäule dar und liegt vertikal zur Wasseroberfläche. Sie ist ebenso wie die Rücken- und Afterflossen ungelenkig und kann nur in geringem Maße in vertikaler Richtung gespreizt werden. Die Schwanzflosse besteht aus einer Anzahl von Flossenstrahlen, die untereinander durch Schwimmhäute verbunden und außerordentlich elastisch sind. Die Strahlen verjüngen sich von der Schwanzwurzel nach den Enden zu und laufen in ganz biegsame Spitzen aus, so daß der äußerste Teil der Schwanzflosse ganz weich und biegsam ist.

Die Schwanzflosse der meisten Fische ist entweder gegabelt oder abgerundet ausgebildet. Die tiefe Gabelung, die

Abb. 12. Heringshai.

bei allen Schnellschwimmern, besonders beim Hai und beim Schwertfisch auftritt, hat offenbar den Zweck, eine Fläche von gutem Seitenverhältnis und guten hydrodynamischen Eigenschaften zu schaffen.

Aus der Betrachtung der starren Ausbildung der Schwanzflossenbefestigung geht mit aller Deutlichkeit hervor, daß der

Fisch infolge seines organischen Aufbaues gar nicht imstande ist, seine Schwanzflosse allein als Vortriebsorgan zu verwenden, da er mit dieser an sich keine seitlichen Schläge auszuführen vermag. Eine seitliche Schlagbewegung, wie sie z. B. vom Steuerruder eines Bootes ausgeführt werden kann, ist beim Fisch ganz unmöglich. Es kann immer nur eine harmonisch schwingende Bewegung des ganzen oder mindestens des halben Fischkörpers entstehen, bei der der haarscharf auslaufende Schwanz nur den Zweck hat, einerseits durch die infolge der Elastizität sich selbsttätig einstellende progressive Steigung das bewegte Wasser bis zu einem Maximum zu beschleunigen und anderseits jeden Nachstrom des Wassers, der etwa durch die Körperform des Fisches möglich wäre, zu vermeiden.

Wenn also häufig bei der Kritik der Fischbewegung vom „Fischschwanzpropeller" gesprochen wird, so ist das eine Verkennung der Tatsachen. Der Fisch besitzt gar keinen Propeller im engeren Sinne des Wortes, sondern er ist gewissermaßen selbst ganz und gar Propeller und Körper zusammen. Man könnte also in diesem Zusammenhang nur von einem „Fischpropeller" sprechen, der vergleichbar wäre mit einer Schraube, die sich infolge eigener Drehung im Wasser fortbewegt.

Bei der Bewegung der Fische kann man Wander- und Fluchtbewegungen unterscheiden. Bei der ersteren Fortbewegung, die bei der ungestörten Nahrungssuche und auf

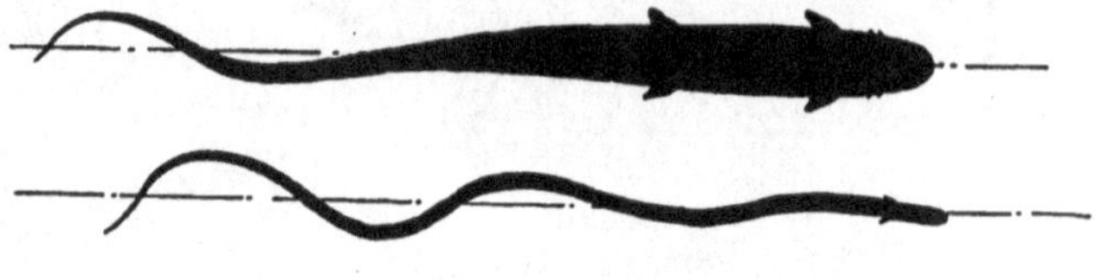

Abb. 13. Zwei verschiedene Fischformen in Wanderstellung.

der Wanderung in Erscheinung tritt, bleibt der vordere Körperteil fast ruhig in der Schwimmrichtung, während der hintere Fischkörper in schlängelnder Weise schwingt, wobei die Amplituden der jeweiligen Halbschwingungen sich fortlaufend vergrößern, bis schließlich die Schwanzflosse den größten Weg zurückzulegen hat. Auf diese Weise wird erreicht, daß an derjenigen Stelle, an der das Wasser infolge der scharf auslaufenden Schneide am besten und wirbelfrei abfließen kann, der größte Bewegungseffekt erzielt wird.

Auf der Flucht des Fisches aber wird die Bewegungsart insofern eine andere, als der Tierkörper sich auf eine möglichst große Welle einzustellen versucht, und mit dem ganzen

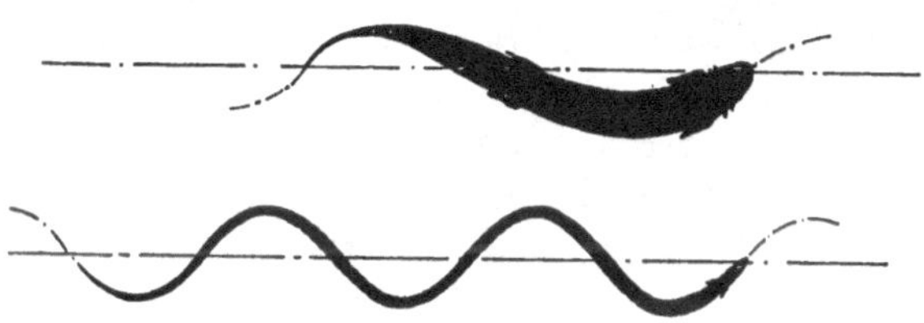

Abb. 14. Zwei verschiedene Fischformen in Fluchtstellung.

Körper innerhalb dieser Welle schwingt. Und bei dieser Bewegung wirkt der Fischkörper infolge seiner durch die Rückenflossen bedingten Höhe als ein hervorragend guter Schwingungsmechanismus, der bei der Schwingungsbewegung dem Wasser in seitlicher Richtung einen sehr großen Widerstand entgegensetzt. Da weiterhin durch die gleiche Körperform eine relativ große Wassermasse beeinflußt wird, so bleibt dadurch die induzierte Eigenbewegung des Wassers relativ gering, was wiederum zu einem sehr günstigen dynamischen Wirkungsgrade führt.

Bei dem Vergleich der verschiedenen Fischarten erkennt man, daß alle Raubfische, die in Anbetracht ihrer Lebensweise besonders hohe Geschwindigkeiten entwickeln müssen, einen langen, dünnen Körperaufbau haben mit hoher Rückenflosse und tiefgegabelten Schwanz. Sie sind durch diese Ausbildung imstande, Schwingungen von großer Wellenlänge zu erzeugen und vor allem in der Lage, ihren langen Körper nicht nur in Viertel- oder Halbschwingungen zu bewegen, sondern sogar eine volle Periode und mehr damit auszuführen. Je länger also ein solcher Fisch ist, um so schneller vermag er zu schwimmen, während relativ kurze Fische, z. B. die Flachfische und Rochen (s. Abb. 17—19), schlechte Schwimmer sind.

Bei diesen Tieren sind nur Viertel- bis höchstens Halbschwingungen möglich, deren geringerer Nutzeffekt durch die extreme Körperhöhe ausgeglichen werden muß.

c) Die Fortbewegung der schlangenförmigen Tierkörper

Den Übergang von den Fischförmigen zu den Schlangenförmigen bildet gewissermaßen der Aal, der vom Standpunkt der Schwingungsforschung aus ein außerordentlich interessantes Geschöpf ist. Stellt doch der Aal einen der schnellsten Bewohner unserer Gewässer dar, der in kurzen Zeiträumen erstaunlich weite Strecken wandert.

Der Aal unterscheidet sich von den anderen Fischen in der Hauptsache dadurch, daß die Bauchflossen und ein deut-

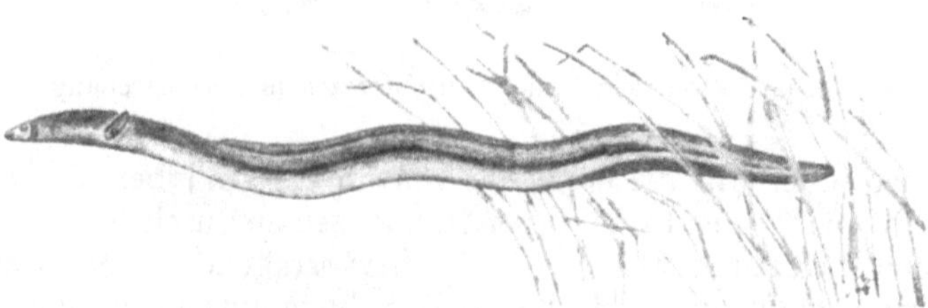

Abb. 15. Flußaal.

lich erkennbarer Schwanz fehlen. Vielmehr ist die Rücken- und Afterflosse zu je einem über den ganzen Körper laufenden Flossensaum ausgebildet, der ohne Unterbrechung um den Schwanz des Tieres herumläuft.

Während der Körper des Aales in seinem vorderen und mittleren Teil fast zylindrischen Querschnitt hat, geht der hintere Teil des Körpers in eine flache spitze Schneide über, deren Abschluß der vorhin erwähnte Flossensaum bildet. Die beiden Brustflossen sitzen wie bei anderen Fischen in normaler Weise hinter den Kiemen und dienen wie bei jenen zur Einleitung und Innehaltung von vertikalen Bewegungen.

Im Gegensatz zur Schlange, etwa unserer Ringelnatter, ist der Aal relativ wenig biegsam. Dies hat offenbar seinen Grund darin, daß bei großer Energieentwicklung, wie sie bei dem Aal möglich ist, ein sehr biegsamer Körper zu kurze Wellenschwingungen ausführen würde, während ein etwas biegungssteiferer Körper bei langen Wellen nicht so leicht zusammenknicken kann. Aus demselben Grunde ermüdet z. B. auch der Schlangenkörper sehr schnell im Wasser, weil er, außerordentlich biegsam und wenig elastisch, durch mehrere kurze Schwingungen stark beansprucht wird. Der Aalkörper dagegen führt normal nicht mehr als zwei Perioden aus, die jedoch Teile einer relativ langen Welle mit großer Steigung sind und deshalb wesentlich höhere Geschwindigkeiten zu erzeugen vermögen als ein Schlangenkörper.

Um diese zwei Perioden möglichst wirksam zu gestalten, ist der an sich runde Aalkörper durch die Ober- und Unterflossen stark verbreitert und stellt auf diese Weise eine sehr wirksame Fläche dar, die ideale Schwingungseigenschaften besitzt. Bei der Ringelnatter fehlt dieser Flossenkamm wohl deshalb, weil dieses Reptil fast ausschließlich auf dem Lande lebt und hier derartige Organe zur Fortbewegung nicht nötig hat. Da der fast kreisförmige Körperquerschnitt der Schlange ein sehr schlechter Widerstandskörper in seitlicher Richtung ist, so kann naturgemäß auch der Nutzeffekt bei der seitlichen Beaufschlagung des Wassers nur gering bleiben, was wiederum das leichte Ermüden der Schlange im Wasser erklärt.

Die Bewegungen, die die Natter auf dem Lande zu ihrer Fortbewegung ausführt, können trotz der schwingungsähnlichen Form doch nicht als reine Wellenschwingungen angesprochen werden, da hier das eigentlich Typische der Schwingung, die periodische Folge gleichartiger Bewegungserscheinungen, fehlt. Vielmehr neigt das Vorwärtsschlängeln der Reptilien eher der Wurmbewegung zu, bei der durch Streckung und Zusammenziehung des Körpers ein Vorschub erzeugt wird. Bei den höheren Reptilien, den Echsen, erkennen wir jedoch bei der Flucht mit aller Deutlichkeit außer der Bewegung der Extremitäten eine starke schlängelnde Bewegung des ganzen Körpers. Besonders kann man dies an unserer einheimischen Eidechse beobachten, wenn man das Tier über eine glatte Ebene laufen läßt.

d) Die Fortbewegung der Kaulquappen und Frösche

Von den übrigen Wasserlebewesen interessieren an dieser Stelle nur die Frösche in ihrem ersten Lebensstadium. Die aus dem Froschlaich entstehenden Kaulquappen sind von der Natur, ganz den im Wasser herrschenden Lebensbedingungen der jungen Tiere entsprechend, als „reine Fische“ ausgebildet, die sich genau wie jene durch die Schwingungen ihres Körpers fortbewegen. Mit fortschreitendem Wachstum jedoch, also mit zunehmender Annäherung des Wassertieres an die Endform, das Landtier, geht auch die entsprechende Veränderung des Körpers vor sich, der auf dem Lande andere Funktionen zu erfüllen hat als im Wasser. Der zunächst stecknadelkopfgroße Körper der Kaulquappe, an der sich der lange fischartige Schwanz anschließt, wächst mehr und mehr zu einem dicken Klumpen, während sich der hintere Teil deutlich als Schwanz absetzt. Die Schwingungsbewegungen werden immer plumper und langsamer, während aus dem Körper die Beine herauswachsen. Das anfänglich durch Kiemen atmende Tier wandelt sich in wenigen Wochen in ein durch Lungen atmendes Landtier um, dessen ursprüngliches Fortbewegungsorgan, der Fischschwanz, vollkommen verkümmert und seine Aufgabe an die Schwimmfüße des Frosches abgibt.

Diese in ihrer ganzen Entwicklung überaus wunderbare Metamorphose ist einer der besten Beweise dafür, daß die Natur unfaßbare Schöpfungen vollbringen kann, wenn nur die technisch zweckmäßige Bewegung dabei erzielt wird. Es ist ihr ein Leichtes, in kürzester Zeit aus einem „Fisch“ ein „Landtier“ zu gestalten und dem diese Verwandlung erlebenden Tier in jeder Entwicklungsstufe das jeweils günstigste Vortriebsorgan zu geben.

Die Fortbewegung des fertig ausgebildeten Frosches erfolgt durch einen Stoß mit den Schwimmfüßen gegen das Wasser, wobei infolge der großen Schwimmhäute eine relativ große Wasserfläche beeinflußt wird. Nach vollständiger Streckung wird bei der Anziehung der Beine die Schwimmhaut schirmartig zusammengefaltet, so daß die Widerstandsdifferenz zwischen dem nach vorn und rückwärts bewegten Schwimmfuß sehr groß ist.

Die Bewegungsorgane des Frosches sind also mit einem Ruder eines Ruderbootes zu vergleichen und sind Organe, die völlig unabhängig von den Schwingungsorganen der ersten Entwicklungszeit sich aus- und heranbilden. Da der ausgewachsene Frosch ein ausgesprochenes Landtier (Laubfrosch) ist, und sich nur gelegentlich im Wasser aufhält, so hat die Natur ihm kombinierte Land- und Wasserorgane gegeben, bei denen, der Hauptlebensweise des Tieres entsprechend, das erstere den Hauptzweck erfüllt und daher in erster Linie ausgebildet worden ist. Der schlechte Wirkungsgrad im Wasser wird als nebensächlicher Faktor in Kauf genommen, da das Wasser nur gelegentlich als Aufenthaltsort dient.

e) Die Einzelschwingung

Wie aus der Betrachtung der verschiedenen Fischarten hervorgeht, kann man die dabei in Erscheinung tretenden Schwingungsbewegungen in Einzelschwingungen und Mehrphasenschwingungen trennen. Der Begriff der Einzelschwingung ist zwar nicht in technischer Beziehung geläufig, gibt aber im großen und ganzen das Wesentliche des Vorgangs wieder. Es soll mit diesem Begriff die von einem einzelnen Fisch erzeugte einmalige Hin- und Herschwingung des Körpers gemeint sein, bei dem dieser die ganze Wellenlänge infolge seines gedrungenen oder kurzen Körperbaues nicht erreicht, sondern nur einen Teil der Schwingungskurve einnimmt.

Die Einzelschwingung ist die einzig mögliche Bewegung aller Breit- und Flachfische, wie z. B. der Flunderarten, der

Abb. 16. Beilfisch.

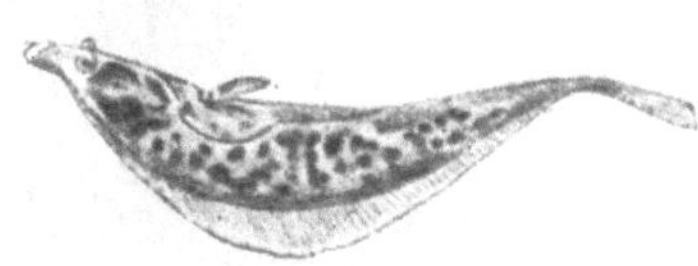

Abb. 17. Scholle.

Beilfische, der Blattfische u. a. m., die alle relativ langsam schwimmen. Bei diesen kurzen Fischen fehlt das Charakteristische der Vortriebswelle, die unmittelbar bei den Langfischen erkennbar ist.

Während einige Flachfische beim Schwimmen ihren Körper vollständig in Ruhe halten und sich lediglich durch die Bewegung ihrer abnorm großen Seitenflossen fortbewegen, wie der Adlerroche oder der Flügelroche, die schon vollkommen an im Wasser lebende Vögel erinnern, ist bei einigen ausgesprochenen Langfischen der Körper derart ausgebildet, daß

Abb. 18. Adlerroche.

diese sich in der Hauptsache nur mit Einzelschwingungen vorwärtsbewegen können. Zu diesen Fischen rechnen als besonders charakteristische Vertreter dieser Gruppe, u. a. der Heringshai, der Thunfisch und der gemeine Stichling.

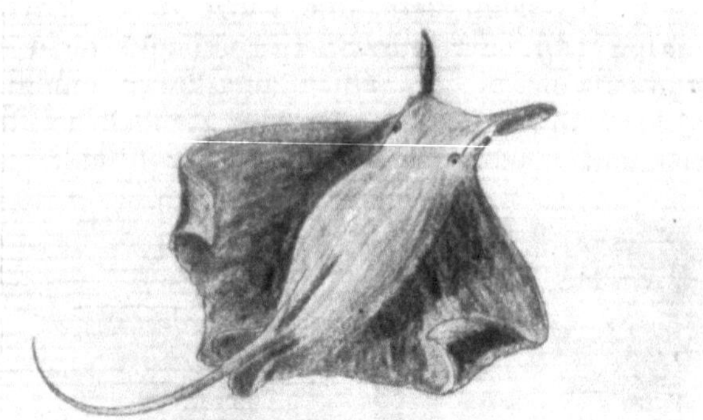

Abb. 19. Flügelroche.

Bei diesen Fischen läuft der Körper, der in seinem vorderen und mittleren Teil gedrungen ist und meist zylindrische oder, wie beim Heringshai, mehr flache wie hohe Form hat, nach der Schwanzflosse zu in eine sehr dünne Knochensäule aus, an die sich unmittelbar die meist sehr große Schwanzflosse anschließt. Bei dem Heringshai und

Thunfisch schließt sich seitlich an das an sich runde hintere Körperteil beiderseits eine dünne, keilförmige Leiste an, so daß das Schwanzende dieser Fische in horizontaler Richtung flach gedrückt erscheint. Bei dem Stichling ist dieser Körperteil ebenfalls sehr dünn und völlig rund gehalten.

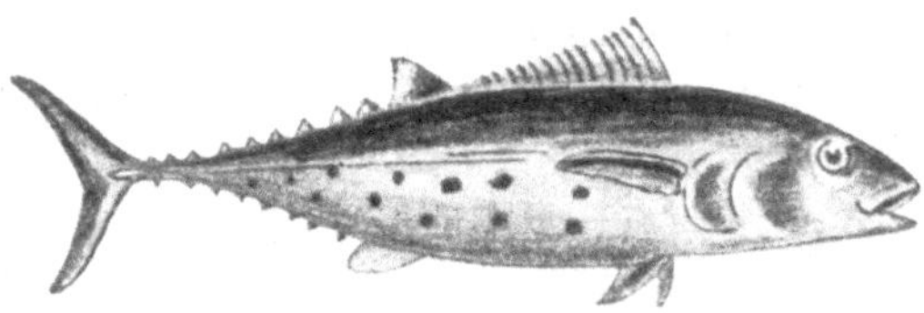

Abb. 20. Thunfisch.

Wenn überhaupt von einem Fischschwanzpropeller gesprochen werden kann, so ist diese Bezeichnung für die genannten Fischarten zutreffend. Denn sowohl der Hai als auch der Stichling bewegen sich, wohl als die einzigen Fische, hauptsächlich durch die seitlichen Schläge des Schwanzes vorwärts. Obwohl hier keine harmonischen Körperschwingungen auftreten, bewegen sich diese beiden Fische mit außerordentlicher Geschwindigkeit und übertreffen hierin sogar einige Fische, die ausgesprochene Mehrphasenschwimmer sind. Der Grund für diese Erscheinung ist offenbar darin zu suchen, daß die Schwanzflosse stets in erheblicher Entfernung vom bewegenden Muskel angeordnet ist und auf diese Weise einen relativ großen Bewegungsradius zur Verfügung hat, der eine bedeutende Weglänge der Flosse bedingt. Um auf diesem Kreisbogen die zur Verfügung stehende Energie möglichst ungeschwächt der Flosse allein zukommen zu lassen, ist derjenige Teil, der für die Wirksamkeit derselben nicht unmittelbar wichtig ist, für die Fortbewegung an sich vollkommen ausgeschaltet und zu einem Körper geringsten seitlichen Widerstandes durchgebildet.

Abb. 21. Hecht.

Abb. 22. Gemeiner Stichling.

Dieser eigenartige Körperbau ist, wie leicht einzusehen, bei der Anwendung der Einzelschwingung bei relativ langen

Fischen eine biomechanische Selbstverständlichkeit. Da der eigentliche Fischkörper fast ohne seitliche Beschleunigungen bleibt, die Schwanzflosse jedoch Schwingungen von großer Amplitude durchführt, so würde bei gleichmäßig durchlaufender Höhe des Fischkörpers bis zur Schwanzwurzel der zwischen Rücken- und Schwanzflosse gelegene Körperteil bei der radialen Schwanzbewegung lediglich hohe Seitendrücke erfahren, ohne selbst für den Vortrieb ausgewertet zu werden. Diesem Umstande tragen übrigens alle anderen Fische Rechnung, die sich in Einzelschwingungen fortbewegen, indem der hintere Körperteil zwischen Rücken- und Schwanzflosse taillenförmig eingeschnürt ist.

Für die technische Anwendung des Schwingungspropellers sind gerade der Hai und der Stichling außerordentlich treffende Vorbilder. Der fast ohne seitliche Körperbeschleunigung vorstürmende Fisch ist gut mit einem Boot vergleichbar, das durch einen Schwingungspropeller angetrieben wird. In welcher Beziehung diese Fische bei der mechanischen Nachahmung der tierischen Bewegung als Vorbild dienen können, ist im VI. Teil näher dargelegt.

Die lange, fast zylindrisch ausgezogene Schwanzflossenwurzel der Haie und Stichlinge, sowie besonders auch des ungeheuer schnell schwimmenden Schwertfisches haben in Verbindung mit der halbmondförmigen Gestaltung der Schwanzflosse bei manchen Autoren die Ansicht hervorgerufen, daß die Schwanzflosse einem zweiflügeligen Schraubenpropeller

Abb. 23. Torsion des Haischwanzes.

gleiche, und infolge der erheblichen Torsionsfähigkeit des zylindrischen Körperendes auch eine teilweise Rotationsbewegung ausführen könne. Obwohl diese Annahme, der sich auch eine ganze Reihe von Technikern anschließen, infolge der auf den ersten Blick überraschenden Ähnlichkeit mit dem an einer Welle befestigten Schraubenpropeller eines Bootes ja manches für sich hat, so widersprechen doch Überlegung und Untersuchungsresultat einer solchen drehenden Bewegung.

Wenn es dem Hai möglich wäre, sich um seine Längsachse fortwährend zu drehen, so würde die gegabelte Schwanzflosse einen echten Schraubenpropeller darstellen. Da aber eine derartige Drehung unmöglich ist, so könnte die Schwanzflosse nur bis zu dem Winkel verdreht werden, den die Torsionsgrenze des Körpers gestattet. Nach Erreichung dieser Grenze muß eine Umkehrung der Bewegung in entgegengesetzter Richtung eintreten, so daß auch bei dieser Bewegung eine ausgesprochene Wellenschwingung erregt wird. Der Unterschied dieser verdrehten, seitlichen Flossenbewegung von einer reinen seitlichen Beaufschlagung des Wassers besteht lediglich im Verlauf der resultierenden Wellenlinie, die bei seitlicher Bewegung senkrecht zur Hochachse des Fisches liegt, während sie bei Verdrehung der Flosse um einen gewissen Betrag nach oben und unten abweicht. Die Größe des Vortriebs aber bleibt von dieser Drehung gänzlich unbeeinflußt, vielmehr erfolgt nur eine tordierende Reaktion auf den Fischkörper ohne jeden praktischen Nutzeffekt. Es ist also wahrscheinlich, daß diese Verdrehungsmöglichkeit vom Fisch gar nicht ausgenutzt wird. Dies beweist ja auch in gewisser Beziehung die Tatsache, daß die Schwanzflosse des Stichlings nicht sichelförmig, sondern abgerundet ausgebildet ist. Dadurch erlangt der zylindrische Teil der Schwanzwurzel lediglich Bedeutung als Energieübertragungsorgan geringsten Widerstands.

Bei der Schwanzflosse der Schnellschwimmer, vor allem derjenigen, die die Einzelschwingung bevorzugen, fällt in interessanter Weise eine Analogie mit dem Seitenverhältnis des Vogelflügels auf. Wie das Vortriebsorgan der Vögel dann die besten Wirkungen hinsichtlich der erreichbaren Geschwindigkeit ergibt, wenn die Spannweite der Flügel im

Verhältnis zur Tiefe derselben einen bestimmten Minimalwert darstellt, so besitzen auch diejenigen Fischarten die höchste Beschleunigungsmöglichkeit, bei denen die Schwanzflosse hoch und schmal ausgebildet ist. Ein besonders treffendes Beispiel hierfür bildet der bereits erwähnte Schwertfisch, der zuweilen

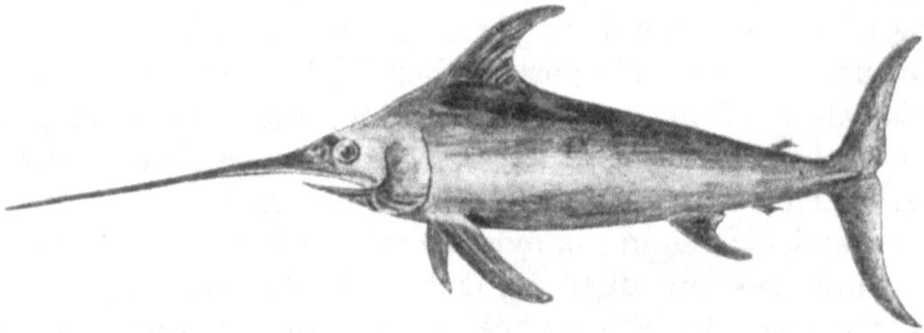

Abb. 24. Schwertfisch.

mit einer solchen Geschwindigkeit gegen Ruder- und Segelboote anrennen soll, daß das starke „Schwert" des Fisches durch die Bordwand hindurchgestoßen wird. Im Jahre 1871 wurde, so wird erzählt, sogar die Segelyacht „Redhot" an der Küste von Massachusetts durch einen Schwertfisch versenkt — Beweise für die außerordentliche Schnelligkeit und Gewalt, die durch die Bewegungen der hohen und schmalen Schwanzflosse dieses Fisches frei wird.

f) Die Mehrphasenschwingung

Im Gegensatz zur Einzelschwingung steht die Mehrphasenschwingung, die sich von der erstgenannten Art dadurch unterscheidet, daß sich der ganze schwingende Körper vollkommen in einen größeren Teil der Schwingungskurve hineinlegt und so über einen bedeutenden Kraftübertragungsbereich verfügt. Alle Fische, die sich nach dem Mehrphasenprinzip fortbewegen, sind deshalb sehr lang gebaut und von relativ geringer Körperhöhe. Der anschaulichste Vertreter der Fischarten, die sich nach dem Mehrphasenprinzip fortbewegen, ist der Aal und einige aalförmig gebaute Fische, wie der Zitteraal, die Nadelfische, Riemenfische usw.

Die Schwanzflosse dieser Tiere ist in allen Fällen stark verkümmert, wohingegen die Rücken- und Afterflossen, in manchen Fällen auch nur eine derselben, in extremer Weise ausgebildet sind. Die Bauchflossen fehlen bei der Mehrzahl der Aalarten entweder ganz oder sind nur andeutungsweise vorhanden.

Die Fortbewegung der Mehrphasenschwimmer erfolgt durch eine schlängelnde Bewegung des ganzen Körpers, wobei dieser lebhaft an die Gestalt einer langen, flatternden Fahne erinnert. Je nach der Intensität der hierbei erzeugten Wellen und der Wellenlänge ist die erreichbare Geschwindigkeit dieser Fische eine mehr oder weniger große. In allen Fällen aber tritt eine Fähigkeit der Mehrphasenschwimmer in Erscheinung, die den anderen Fischen, besonders den mittels Einzelschwingung sich fortbewegenden, fehlt, die Rückwärtsbewegung. Alle Fische dieser Gattung, besonders der Aal und der Nadelfisch, verwenden dieses Vermögen sehr häufig, besonders dann, wenn es sich darum handelt, sehr enge Kanäle zu passieren. Aber auch im offenen Wasser bewegt sich der Aal ganz nach Belieben ebensogut vor- als auch rückwärts und zwar mit sehr erheblicher Geschwindigkeit. Über den Zitteraal berichtet u. a. der „Brehm": „Unter wellenförmig schlängelnden Bewegungen seiner weichhäutigen, dem Kiel eines Schiffes vergleichbaren Afterflosse und mit Unterstützung seiner kurzen Brustflossen schwimmt er entweder geradeaus oder im sanften Bogen dahin, zierlicher als irgendein anderer Fisch und mit gleicher Meisterschaft rückwärts wie vorwärts, indem er die Wellen auf erstgenannter Flosse ebensogut von hinten nach vorn als von vorn nach hinten laufen lassen kann."

Über den Nadelfisch schreibt derselbe Autor: „Ein schwacher Schwimmer, gleitet er langsam durch Wellenbewegung seiner langen Flossen, gelegentlich auch sehr schnell durch Schlängeln des ganzen Körpers dahin."

Ein bekanntes Beispiel für die Rückwärtsbewegung des Aales ist seine Eigenschaft, aus Aalkörben immer mit dem Schwanz voran durch die schmale Einschlüpföffnung zu entfliehen. An der Angel macht der Aal ebenfalls sehr lebhafte Rückwärtsbewegungen.

Da fast alle aalförmig ausgebildeten Fische sich stets auf dem Grunde der Gewässer aufhalten und hier meistens zwischen Schilfstauden und Grundpflanzen ihrer Nahrung nachgehen, so ist die Rückwärtsbewegung ein sehr wesentliches Erfordernis für das Leben dieser Tiere, da es sehr häufig vorkommen mag, daß beim Einschlüpfen in dichtes Wurzelwerk der Ausgang versperrt ist und der Körper rückwärts wieder aus der Sackgasse herausgebracht werden muß.

g) Die Schwarmschwingung der Fische

Eine bezeichnende Eigenschaft aller gesellig lebenden und wandernden Fische ist das Bestreben, eine Schwarmform einzunehmen, die die einzelnen Tiere in ein gewisses Abhängigkeitsverhältnis zueinander bringt. Besonders dort, wo hindernde Faktoren, wie Strömung usw. sich der Fortbewegung entgegensetzen oder wo ungleichaltrige Tiere wandern, findet sich immer ein geschlossener Schwarm vor, in dem die einzelnen Fische ihren bestimmten Platz haben wie die Soldaten in einer Kolonne. Die größten und stärksten Tiere voran, schließen sich mehr der Mitte zu die schwächeren Exemplare an, denen zuletzt die schwächsten Fische folgen, die ganz zum Schluß von stärkeren bewacht werden.

Während viele Fischarten in einem scheinbar ganz unregelmäßig geformten Klumpen wandern, nehmen andere Arten, z. B. junge Mugil (Meeräsche), Schwarmformationen ein, die lebhaft an eine gewisse Übereinstimmung mit den von den Vögeln bevorzugten Zugformen zeigen. Sehr gut ist dieses Bestreben bei unserem bekanntesten Schwarmfisch, dem Hering, erkennbar, dessen Züge sich häufig in Keilform fortbewegen, wobei die größeren und stärkeren Tiere voranschwimmen. Auseinandergesprengt schließen sich die Scharen schnell wieder zusammen.

Ganz ähnliche Erscheinungen trifft man bei der Wanderung der jungen Glasaale an, die regelmäßig im Spätfrühling und Sommer die europäischen Ströme und Flüsse hinaufwandern. Bei diesen sogenannten „Montée"-Aalen, die in dichtgeschlossenem Zuge ununterbrochen oft mehrere Tage lang an der Beobachtungsstelle vorüberziehen, kann man besonders gut die peinliche Innehaltung der Schwarmformationen erkennen. Selten ist ein derartiger Zug breiter als 50 cm, dagegen beträgt seine Länge bisweilen an 10 Kilometer. Die jungen Glasaale halten sich auf dieser Wanderung in überraschend präziser Form gestaffelt hintereinander auf, und niemals ist es beobachtet worden, daß mehrere Tiere unmittelbar nebeneinander schwammen. Dem Verfasser gelang es im Sommer 1925 einen derartigen Wanderzug von Aalen in der Elbe zu beobachten und etwa 500 Meter weit am Ufer zu begleiten. Dabei war einwandfrei festzustellen, daß der Abstand der einzelnen Tiere sich kaum um Millimeter veränderte, sondern daß höchstens gelegentlich bei dem Auftreffen auf eine besonders heftige Stromschnelle der Schwarm sich für kurze Zeit etwas verdichtete. Bisweilen war das Bild des Schwarmes so regelmäßig, als ob die Tiere mathematisch genau aneinander gefesselt seien.

Diese auf den ersten Blick eigenartig anmutenden Erscheinungen werden sofort verständlich, wenn man sich vergegenwärtigt, daß die Fortbewegung der Aale nach dem Mehrphasenprinzip erfolgt. Da die erzeugte Welle aber nicht an das Einzeltier gebunden ist, sondern sich in der der Bewegung entgegengesetzten Richtung weiter fortpflanzt, so ist es selbstverständlich, daß der Körper der einzelnen Tiere sich dieser Erregerwelle genau anpassen muß, wenn keine unnötige Energieverschwendung auftreten soll. Da aber die Energie, die von dem vorschwimmenden Tier an die Schwingung des Wassers abgegeben wurde, unmittelbar hinter dem erregenden Körper am wenigsten gedämpft ist, so erklärt es sich, daß das folgende Tier sich zweckmäßig dort aufhalten wird, wo die Eigenschwingung des Körpers mit dem ersten Wellenberg der Erregerschwingung zusammentrifft. An dieser Stelle nur findet die beste Übereinstimmung zwischen erster und zweiter Welle statt.

Das nachfolgende Tier gibt nun bei der Weiterbewegung an die Erregerwelle so viel von seiner Energie ab, daß die beim Verlassen des ersten Fischkörpers eingetretene Dämpfung der Welle aufgehoben wird und die Welle mit gleichbleibender Amplitudengröße über das zweite Tier und darüber hinauswandert. Das dritte Tier stellt sich ganz ähnlich ein, so daß die Erregerwelle des vorausschwimmenden Tieres schließlich zur Schwarmschwingung wird, der sich alle mitschwimmenden Tiere unterordnen müssen.

Es ist undenkbar, daß bei einer solchen Formation eine

störende Beeinflussung des Gesamtschwarmes normalerweise eintreten kann. Das folgende Einzeltier kann unmöglich näher an den vorausschwimmenden Fisch herankommen, als bis auf die Entfernung, die durch die Wellenlänge der Schwingung bedingt ist. Ein Ausweichen innerhalb des Schwarmes ist nur in vertikaler Richtung, also nach oben bzw. unten möglich, da die Schwingung bei normal schwimmenden Fischen sich in horizontaler Ebene ausbreitet und fortpflanzt, so daß eine Beeinflussung des oberen bzw. des unteren Wasserbereiches nicht eintritt. Ein Abwandern der Fische aus dem Schwarm wird infolgedessen hauptsächlich von den Seiten aus erfolgen, während die Zugmitte die größten Strecken zurücklegen dürfte.

Bei den Flachfischen liegen die Verhältnisse ganz ähnlich, nur daß hier die Staffelung natürlich, der Wellenebene entsprechend, in vertikaler Ebene liegt. Ein Flundernschwarm wird sich also vornehmlich in der Tiefenrichtung ausdehnen und, von oben gesehen, eine vollkommen unregelmäßige Verteilung der einzelnen Tiere erkennen lassen. Aus diesem Grunde bevorzugt die Schollenfischerei Tiefnetze, die die Schollen selbst auf ihren untersten Schwingungswellen erfassen.

Die Schwarmschwingung stellt also eine Maßnahme der Natur dar, um die kleinen Einzelkräfte des Einzeltieres zu sammeln und gleichsam als Oberenergie über den Schwarm zu breiten. Auf diese Weise erfolgt aber auch gleichzeitig ein sehr bedeutender Kräfteaustausch, indem die Energie, die von einem zu stürmisch vordringenden Tiere abgegeben wird, diesem durch die Schwarmschwingung entzogen und der Gesamtschwingung zugeführt wird. Gleichzeitig wird durch die Schwarmschwingung verhindert, daß die einzelnen Tiere sich bei der Fortbewegung berühren und dadurch stören, eine Maßnahme, die in ihrer vollen Wirkung und Zweckmäßigkeit außerordentlich bewundernswert ist und durch keine andere Antriebsart in gleicher Vollendung möglich wäre.

2. Schwingungsleistungen der Fische

Nur den wenigsten Menschen ist bekannt, daß von allen Lebewesen die Fische die weitaus bedeutendsten Leistungen vollbringen und im Laufe ihres relativ kurzen Lebens bei einzelnen Arten sogar zehntausende von Kilometern zurücklegen. Aber nicht nur derartige Wanderstrecken erregen die Bewunderung des aufmerksam beobachtenden Technikers, sondern auch Geschwindigkeits- und Steigleistungen, die derart verblüffende sind, daß die technische Erfassung der bei diesen Leistungen frei werdenden Energien schier unmöglich ist.

An erster Stelle stehen hier die Leistungen der europäischen Aale, die bereits in ihrer frühesten Jugend mehrere 1000 Kilometer, allerdings in 4—5 Jahren, in noch unausgebildetem Zustande zurücklegen. Aber auch als ausgewachsenes Tier findet eine äußerst schnelle und ausdauernde Wanderung statt. Der europäische Flußaal begibt sich bekanntlich nach etwa 8—10jährigem Aufenthalt im Süßwasser als vollausgewachsenes, geschlechtsreifes Tier, als „Blankaal", auf die Wanderschaft zu den Laichplätzen, die nach neueren Forschungen etwa in dem Gebiete unterhalb der Sargasso-See, unweit der Küste Mittelamerikas, liegt. Im Durchschnitt beträgt die Strecke von den deutschen Strömen bis zu diesem Meeresteil etwa 3600 Kilometer, die von den Aalen ohne jede Nahrungsaufnahme zurückgelegt wird. Die Verdauungsorgane sind in dieser Zeit vollständig zurückgebildet, so daß es dem Aal gar nicht mehr möglich ist, seine Kräfte durch Aufnahme von Nahrung zu ersetzen. Lediglich die im Körper während des Wachstums als Fett und Muskelmasse niedergelegten Nährstoffe bilden den Energieakkumulator, dem das Tier seine Kräfte entnimmt.

Und doch würde es dem wandernden Montée-Aal und dem geschlechtsreifen, in den Flüssen zum Meere abwandernden Blankaal schwerlich möglich sein, derartig ungeheure Streckenleistungen hinter sich zu bringen, wäre nicht die Wanderung gleichsam ein Marsch von vielen Hunderten, die sich alle im gleichen rhythmischen Tempo fortbewegen, wie eine im Gleichschritt marschierende Kolonne. So muß das Leittier vorausschwimmen, will es nicht von den nachfolgenden Tieren vorwärts gestoßen werden, und das im Schwarm folgende Tier mitfolgen im selben Bewegungstakt, auch wenn es ermüdet. In diesem Falle wird es von den anderen Kameraden mitgeschleppt, wenn es nur seinen Körper der Schwarmwelle anzupassen vermag.

Dieses Wanderstadium ist der letzte Teil des Aallebens, da noch niemals ausgewachsene Flußaale in die Ströme zurückgekehrt sind. Das Leben setzt erst wieder ein mit dem Entstehen der Jungaale, die, vom Golfstrom unterstützt, erst als weidenblattähnliche Leptocephali, dann als etwa 7 cm lange, durchsichtige „Glasaale" aus der Sargasso-See nach etwa vierjähriger Wanderzeit vor den Mündungen der europäischen Ströme und Flüsse erscheinen und in diesen unaufhaltsam stromaufwärts wandern. Diese Jungaale schwimmen, wie bereits erwähnt, in Schwarmform und gelangen auf ihrer Wanderung in fast alle europäischen Seen. Sie überwinden die stärksten Stromschnellen und wandern selbst über den Rheinfall bei Schaffhausen in den Bodensee und über den Rhonefall in die Alpengewässer. (Nur im Gebiete der Donau gibt es keine Aale.)

An Beschleunigungsleistungen des Fischkörpers stehen wohl die Flugfische an erster Stelle. Es sind dies heringsartig geformte Fische aus der Familie der Trughechte, die sich durch die ganz außergewöhnliche Ausbildung der Brustflossen und durch eine eigenartige Schwanzflosse auszeichnen. Die letztere ist sehr tief gegabelt und besitzt ein weit nach unten reichendes Flossenende. Die beiden Brustflossen werden normalerweise beim Schwimmen eng an den Körper angelegt, können aber durch eine starke Muskulatur ruckartig vom Körper abgespreizt werden, so daß sich ein vogelflügelartiges Organ ergibt, das die Fische als Gleitfläche außerhalb des Wassers benutzen.

Abb. 25. Fliegender Fisch.

Wie von zuverlässigen Beobachtern in übereinstimmender Weise angegeben wird, werden diese flügelartigen Brustflossen niemals während des Fluges bewegt, sondern sie dienen dem mit großer Geschwindigkeit aus dem Wasser hervorschießenden Fisch lediglich als Gleitfläche. Im Fluge wird also ausschließlich die kinetische Energie verwertet, die dem Fischkörper bei der hohen Beschleunigung im Wasser mitgeteilt wurde.

Der Abflug der etwa 36 cm langen Fische erfolgt derart, daß die halbgeöffneten Brustflossen dem Tiere einen Steigwinkel von etwa 30 Grad nach der Meeresoberfläche zu geben und von etwa 30 cm Tiefe an der Körper durch schnellste Körperschwingungen eine außerordentliche Beschleunigung erfährt. Der Fisch schießt mit einer Geschwindigkeit von etwa 10—11 m/sec aus dem Wasser heraus und läßt hierbei den herunterhängenden Teil seiner Schwanzflosse bis zum letzten Augenblick im Wasser arbeiten. Während des Fluges dagegen bleibt der Schwanz vollkommen ruhig und dient anscheinend nur als Seitensteuer.

Man kann die Tatsache, daß während des Fluges die im Wasser so äußerst wirksame Schwanzflosse vollkommen ausgeschaltet ist, als ein treffendes Beispiel dafür ansehen, daß die im Wasser übliche Schwingungsart nicht in gleicher Weise in der Luft Anwendung finden kann, weil hier die Gewichts- und Kräfteverhältnisse vollkommen andere sind wie im Wasser. Vor allem fällt ein Faktor in der Luft fort, die den Fischen ihre Bewegungen sehr erleichtert, die Gewichtslosigkeit. Der freie Flug kann nur in Verbindung mit hoher Geschwindigkeit erfolgen, die in sekundärer Form den Auftrieb ergibt. Die seitlichen Schwingungen der Fische geben wohl einen Vortrieb, aber keinen Auftrieb, sondern dieser tritt erst ein bei vertikalen Schwingungen der Rochen und Schollen, wie der Flachfische überhaupt. Bei diesen Vertikalschwingungen treten nämlich außer der Fortbewegung auch noch direkt hebende Kräfte auf, wie sie in gleicher Weise ein fliegendes Tier zum Schwebezustand benötigt. Eine technische Anwendung der seitlichen Fischschwingungen in der Flugtechnik erscheint also nach diesem Beispiel, das uns der fliegende Fisch gibt, als nicht zweckmäßig zu sein.

Zum Schluß seien noch im Zusammenhang mit den Schwingungsleistungen der Fische die Forellen und Lachse erwähnt, die geradezu ungeheuerliche Leistungen im Bergsteigen vollbringen. Die Bachforelle gelangt auf ihrer Wanderung bis zu 2400 Meter über dem Meeresspiegel und schwimmt mit großer Schnelligkeit selbst in stärksten Strudeln bergan. Der Naturforscher Steinmüller beobachtete sogar einmal eine

Bachforelle, die sich einen 6 Meter hohen Wasserfall hinaufwarf und sich hierbei mehrere Male überschlug. Der etwa 50 cm lange Fisch leistet hierbei also 0,625 PS, wenn man das Durchschnittsgewicht des Fisches mit 2 kg ansetzt, was im vorliegenden Fall zutreffen dürfte. Diese Leistung ist außerordentlich bewundernswert, wenn man bedenkt, daß doch die

Abb. 26. Bachforelle.

ursprüngliche Leistung des Fisches noch größer gewesen sein muß, da während der Beschleunigung im Wasser der Formwiderstand des Tierkörpers zu überwinden war und außerdem der Wirkungsgrad des Antriebs sicherlich nicht mit 100% angenommen werden kann. Jedenfalls hat aber hier die Forschung ein Beispiel eines ganz außerordentlich günstigen mechanischen Aufbaues vor sich, das sehr zum Nachdenken anregen sollte.

Der andere hier interessierende Vertreter der Salmoniden, der Lachs, übertrifft sogar in mancher Beziehung die Forelle an Leistungen, besonders hinsichtlich der Geschwindigkeit auf der Wanderung. Der Wandertrieb dieser Tiere ist so heftig, daß sie, mit Ausnahme hoher, steiler Wehre, jedes Hindernis überwinden. So stellte der norwegische Naturforscher Landmark die erreichte Höchstsprunggrenze der Lachse gegen die Strömung mit 16 Fuß fest und berichtet über häufige Sprünge von 3—4 Meter Höhe und 4—6 Meter Länge. Die Geschwindigkeit der Lachse bei ihrer Stromaufwanderung beträgt durchschnittlich nach eingehenden Messungen Metzgers in der Weser 38—40 km in 34 Stunden bei einer Stromgeschwindigkeit von etwa 2,5 m/sec. Die größte bisher bei einem Lachs beobachtete Schwimmgeschwindigkeit betrug etwa 10 m/sec.

Die Fortbewegung der Fische ist also, vom biotechnischen Standpunkt aus betrachtet, eine außerordentlich interessante und zweckmäßige, die den Eigenschaften des Wassers in jeder Beziehung Rechnung trägt. Daß die Natur auch im Luftmeer ihren Geschöpfen Fortbewegungsarten zur Verfügung gestellt hat, die in gleicher Weise, wenn nicht noch vollkommener, den Lebensbedürfnissen der fliegenden Tiere entsprechen, mag im folgenden Abschnitt gezeigt und behandelt werden.

IV. Teil

1. Die Schwingung im Luftmeer

a) Eigenschaften der Luft

Im Gegensatz zum Wasser, das als tropfbare Flüssigkeit den größten Teil der Erdoberfläche bedeckt, ist die Luft eine gasförmige Flüssigkeit, die sich in annähernd gleicher Dichte und mit den gleichen physikalischen Eigenschaften über den gesamten Erdball ausbreitet. Die physikalische Zusammensetzung der Luft interessiert an dieser Stelle weniger, wohl aber deren physikalisch-mechanische Eigenschaften, da diese für das Zustandekommen von Vortriebsschwingungen von sehr wesentlicher Bedeutung sind.

Als erste und wichtigste Eigenschaft ist zunächst die außerordentlich geringe Kohäsion der Luft zu nennen, die eine sehr leichte Durchtrennbarkeit des Mediums zur Folge hat. Da von dieser Eigenschaft unmittelbar der Widerstand der in der Luft bewegten Körper abhängt, so ergibt sich im Zusammenhang hiermit die Möglichkeit einer größeren Fortbewegungsgeschwindigkeit als im Wasser oder auf dem Lande. Durch eine Formenwahl der bewegten Körper, die der Luft bei scharfer Eintrittskante einen guten wirbelfreien Abfluß gewährt, kann der Widerstand der Körper äußerst gering und damit die erreichbare Geschwindigkeit groß gehalten werden.

Die zweite wichtigste Eigenschaft der Luft ist die leichte Zusammendrückbarkeit, die sich künstlich bis zu sehr großen Verhältnissen durchführen läßt. Die Luft wirkt also im Gegensatz zum Wasser bei plötzlichen Impulsen als weiches Kissen, das die in sie hineingesteckte kinetische Energie als potentielle Energie, einer Feder gleich, aufspeichert und im gegebenen

Moment wieder abzugeben imstande ist. Die Luft ist also für die Erzeugung von Fernschwingungen in außerordentlich günstiger Weise geeignet, weil infolge der hohen Elastizität die beste Vorbedingung für echte Fernschwingungen gegeben ist, nämlich das durch die schwingende Masse schwingend erregbare Mittel.

Im engen Zusammenhang mit der Verdichtbarkeit der Luft steht die durch luftverdünnte und luftverdichtete Räume hervorgerufene Böigkeit oder Turbulenz der Luft, die sich entweder in angenähert horizontaler oder in vertikaler Richtung auswirkt. Die Turbulenz ist ein sehr wesentlicher Faktor bei dem Zustandekommen mancher Flugarten gewisser Tiere. Besonders für relativ große Vögel fällt das außerordentliche Anpassungsvermögen an turbulente Luftströmungen auf. Der an vielen Vogelarten erkennbare dynamische Segelflug ist auf diese turbulenten Luftströmungen zurückzuführen, da beim Turbulenzflug die Auf- und Vortriebsschwingungen sich gewissermaßen umkehren. Im ersteren Falle erregt das fliegende Tier Schwingungen, während im anderen Falle der Vogel vorhandene Schwingungen der Luft auswertet.

Eine Eigentümlichkeit der Luft ist die Änderung ihrer Elastizitätseigenschaften bei hohen Kraftimpulsen. Wird nämlich durch äußerst schnell sich fortbewegende Kräfte ein heftiger Stoß auf die Luft ausgeübt, so wirkt sie als ein Körper von außerordentlich hohem Widerstand. Am besten kommt diese Erscheinung bei Sprengungen zum Verständnis, die an frei stehenden Gebäuden, Brückenpfeilern usw. durchgeführt werden. Es ist bekannt, daß bei derartigen Sprengungsvorgängen der Sprengkörper in einfachster Weise lose an den betreffenden Pfeiler, Eisenträger usw. geheftet wird und bei der Detonation die zu sprengenden Teile zerstört.

Diese Erscheinung ist, zunächst betrachtet, nicht ohne weiteres selbstverständlich, denn man müßte doch annehmen, daß die Explosionsgase sich ähnlich verhalten, wie andere Körper, die von einem feststehenden Teil eine Abstoßung in ein dünneres Medium erfahren. Der Grund dafür liegt eben darin, daß die Fortpflanzungsmöglichkeit eines durch eine Gaswelle erzeugten Kraftimpulses in der Luft nicht über Schallgeschwindigkeit gesteigert werden kann. Jeder Luftdruck pflanzt sich nur mit Schallgeschwindigkeit fort, mag der Anstoß auch noch so heftig gewesen sein. Immer erreicht die Luftwelle zusammen mit dem Explosionsschall das Ohr.

Mit zunehmender Dichte der Körper wächst deren Schallleitungsvermögen. Das Wasser leitet z. B. den Schall mit der fast fünffachen Geschwindigkeit, mit der der Schall sich in der Luft fortpflanzt, nämlich mit 1440 m/sec, während feuchtes Eichenholz bereits den Schall mit 5000 m/sec fortleitet. Es ist klar, daß bei einer Explosion die Energie sich stets in der Richtung äußern wird, in der sie die schnellste Fortpflanzungsmöglichkeit hat, so daß also die Gesamtenergie sich in der Zerstörung der festeren Körper auswirkt.

Obwohl derartige Kraftimpulse bei Vortriebsschwingungen nicht in Erscheinung treten, so sind doch diese Erscheinungen an Luftschrauben zu beobachten, die mit einer Geschwindigkeit umlaufen, die gleich oder höher als die Schallgeschwindigkeit, also 333 m/sec ist. Die hierbei erzielten Wirkungsgrade verschlechtern sich fortgesetzt bei der Annäherung an die Schallgeschwindigkeit, bis schließlich bei der Schallgeschwindigkeit selbst Wirkungslosigkeit eintritt.[1])

Die Fortpflanzungsgeschwindigkeit des Schalles im Luftmeer ist aber für die Wirkungen von Vortriebsschwingungen insofern von größter Bedeutung, als sich diese Schwingungen selbst ebenfalls mit der Schallgeschwindigkeit in der Luft ausbreiten und fortbewegen.

b) Der Insektenflug

Von allen fliegenden Geschöpfen sind die Insekten die interessantesten Studienobjekte für den tierischen Flug. Abgesehen von der sehr großen Mannigfaltigkeit und Zahl der verschiedenen Arten, sind die Flugorgane der Insekten so außerordentlich verschiedenartig ausgebildet, daß in diesem Bereich alle Flügelarten angetroffen werden, die überhaupt denkbar sind. Ebenso ist auch die Flugweise der verschiedenen Arten sehr verschieden, je nachdem, ob das Tier mit dieser oder jener Flügelart und -anordnung ausgerüstet ist.

---

[1]) Vgl. The National Advisory Committee for Aeronautics, Washington, D.-C., Report 207.

Während der größte Teil der Insekten Flügel besitzt, die in ihren Grundzügen und ihrer Anordnung uns durchaus normal dünkende Formen haben, gibt es aber anderseits auch einige Tiere dieser Gattung, die hinsichtlich ihrer Flügel recht eigenartig gestaltet sind. Während wir z. B. uns den Flug eines zweiflügeligen Insekts gut vorstellen können, selbst wenn als Zusatzorgan die starre Flügeldecke hinzukommt, so ist die Art, wie viele vier- und mehrflügelige Insekten zum freien Fluge gelangen, uns in mehrfacher Beziehung unverständlich. Eines der merkwürdigsten Fluggebilde stellt in diesem Zusammenhange die Fünffingereule dar, ein kleiner weißer Schmetterling, der nächtlicherweile die Blüten unserer Gärten besucht. Dieses in flugtechnischer Beziehung überaus interessante Tier besitzt nämlich — im technischen Sinne — 10 einzelne Flügel, die lang und schmal wie gespreizte Finger vom schlanken Körper abstehen. Sie stellen gewissermaßen ein in 10 einzelne Abteilungen aufgelöstes Schmetterlingsflügelpaar dar, bei dem jedoch die Luftkräfte ganz andere Wirkungen auslösen müssen wie bei dem großen durchlaufenden Flügel der vierflügeligen Schmetterlinge.

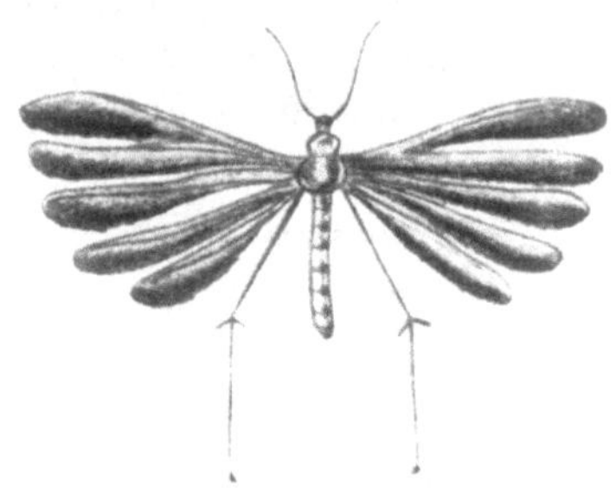

Abb. 27. Fünffingereule.

Die Insektenflieger teilen sich deutlich in mehrere Gruppen, deren Eigenarten durch Anzahl und Anordnung der Flügel gekennzeichnet sind. Es sind dies die Paarflügler, die Paarflügler mit Flügeldecken und die Mehrfachflügler, unter welch letzteren die Doppelflügler die am meisten vertretene Art darstellen. Je nach der Größe der Flügelbelastung führen diese Insekten sehr schnelle oder aber recht langsame Flügelbewegungen aus, die bei den verschiedenen Arten in den Grenzen von 3 bis etwa 1000 Schwingungen pro Sekunde liegen.

Während die absolut großen Insekten bei ihrem Fluge stark an die Flugbewegungen großer Vögel erinnern, wie dies z. B. bei der Libelle und bei den Schmetterlingen erkennbar ist, führen die kleineren Insekten Bewegungen mit ihren Flügeln aus, die in gleicher regelmäßiger Form im Vogelreiche nicht vorkommen. Es ist nämlich besonders bei den schwirrenden Insekten ein Leichtes, durch eine entsprechende Beleuchtung der glänzenden Flügel die Absolutbewegungen der Flügel festzustellen und zu definieren. Auf diese Weise ist es möglich, einen Ausgangspunkt für die Untersuchung der Schwingungsbewegung auch der übrigen Insekten zu gewinnen, die nach Art ihres anatomischen Aufbaues ganz ähnliche Bewegungen ausführen müssen.

Befestigt man ein schnellschwirrendes Insekt mit relativ großen Flügeln, z. B. eine Wespe, mit den Füßen an einer

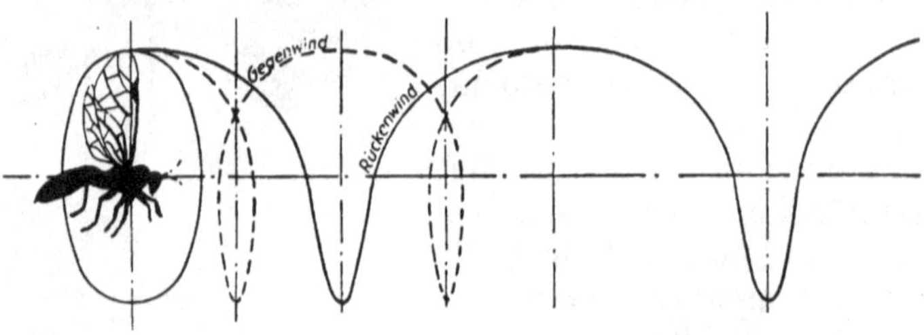

Abb. 28. Schaulinien des Fluges einer Wespe bei Gegen- und Rückenwind.

mit Leim bestrichenen Fläche, so wird das Tier bestrebt sein, sich mit Hilfe seiner Flügel zu befreien. Läßt man jetzt das schwirrende Tier im richtigen Winkel von einer hellen Lichtquelle, z. B. der Sonne oder einer Bogenlampe bescheinen, so wird aus den verschiedenen Beschattungsgraden mit guter Deutlichkeit der von der Flügelbewegung eingeschlossene Luftkörper erkennbar, der bei allen Insekten stets die Form eines mehr oder weniger abgeplatteten Kegels hat.

Diese Flügelbewegung, die eine kreisähnliche, keine rotierende ist, überrascht allerdings nicht, denn die anatomische Durchbildung des Flugapparates zeigt, daß eine derartige Bewegung infolge der allseitig einstellbaren Flügel nicht nur möglich ist, sondern sogar in gewisser Beziehung zwangläufig erzeugt werden muß, da eine reine vertikale Auf- und Abwärtsbewegung der Flügel, die einer Pendelschwingung entspräche, bei der gelenkigen Aufhängung unter dem Einfluß der wirksamen Luftkräfte nur unter besonderen Verhältnissen und Muskelleistungen auftreten kann. Es gibt allerdings auch besonders im Insektenreiche einige Fliegen und Libellen, die die Fähigkeit besitzen, mitten aus schnellem, vorstürmendem Fluge plötzlich in der Luft stillzustehen, ihren Vortrieb also gewissermaßen vollständig abzuschalten, und hierbei ist allerdings oft unverkennbar die fast in vertikaler Richtung verlaufende Flügelbewegung zu beobachten.

Da die schwirrenden Insekten fast ausnahmslos langsame Flieger sind, so ist die Flügelbewegung derselben auch während des Fluges annähernd eine kreisförmige. Die Umfangsgeschwindigkeit der Flügel ist infolgedessen stets bedeutend

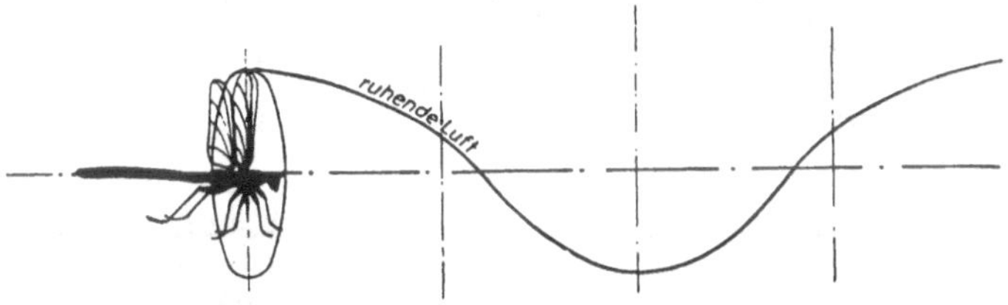

Abb. 29. Schaubild des Fluges einer schnellfliegenden Raublibelle.

größer als die Vorwärtsbewegung. Bei zunehmender Absolutgröße und Verlangsamung der Flügelschwingungszahl jedoch erfolgt eine immer mehr sich von der Kreisform entfernende Bewegungsart, die schließlich bei den Vögeln in rein schwingende Bewegungen übergehen.

Ein allgemeinbekanntes mechanisches Beispiel möge zum besseren Verständnis dieses Schwingungsvorganges hier eingeschaltet sein: Der Kurbelzapfen eines Lokomotivrades führt als Absolutbewegung eine rotierende Bewegung aus, die klar zum Bewußtsein kommt, wenn eine Schnellzuglokomotive bei dem Anziehen eines schweren Zuges ins Gleiten kommt. In diesem Falle ist die Umfangsgeschwindigkeit des Kurbelzapfens gegenüber der Fortbewegung des Systems groß. Bei fortschreitender Beschleunigung des Zuges ändert sich dies Verhältnis, bis schließlich bei fester Kuppelung der Räder mit den Schienen der Zapfen sich nur mehr scheinbar auch nach rückwärts bewegt und eine Kurve durchläuft, die wellenschwingungsartigen Charakter hat.

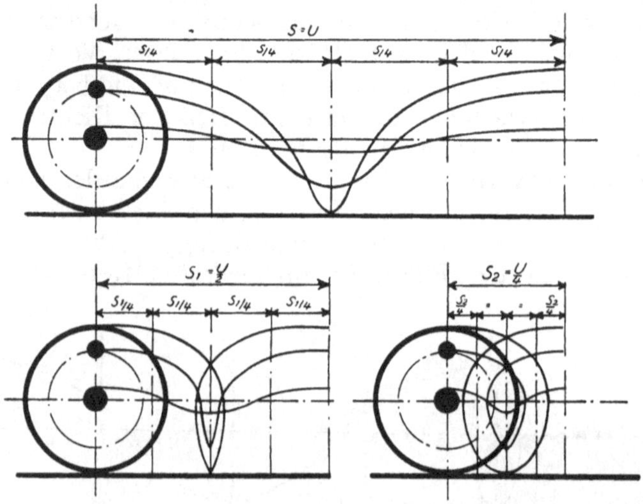

Abb. 30. Schaulinien des Wegverlaufes verschiedener Radien eines Lokomotivrades bei verschiedenen Gleitzuständen.

Je geringer also die Eigenbewegung des Gesamtsystems und je höher die Schwingungszahl der Flügel ist, um so weniger kann man von eigentlichen Vortriebsschwingungen sprechen. Vielmehr kann diese Flügelbewegung der Insekten als „gemischte Luftschwingung" bezeichnet werden, weil die erregende Pendelschwingung der Flügel mit einer kreisförmigen Bewegung vermischt wird. Obwohl bei allen Flugtieren die Kreisschwingung den Ausgangspunkt für den freien Flug bildet, kommen doch besonders bei den mit hoher Geschwindigkeit fliegenden großen Vögeln die reinen Pendelschwingungen in so klarer Weise zum Ausdruck, daß bei der Untersuchung dieser Schwingungen die Kreisbewegung normal zu vernachlässigen ist. Es tritt vielmehr hierbei eine Kurve auf, die derjenigen des Achsenkeils der Lokomotive entspricht.

Trotz des außerordentlichen Gestaltenreichtums im Insektenreiche zieht sich doch bei der Betrachtung der Flugorgane ein Grundaufbau der Flügel wie ein roter Faden durch die vielfachen Formen und Arten. Mag es sich um den Flügel der Libelle, der Fünffingereule, der Steckmücke, der Stubenfliege oder der Heuschrecke handeln, immer tritt die gleiche Grundform der Flügel hervor, die in ihrem weiteren Ausbau sogar bei dem Vogelflügel Anwendung findet. Sie ist durch zwei Hauptmerkmale charakterisiert: die steife, widerstands-

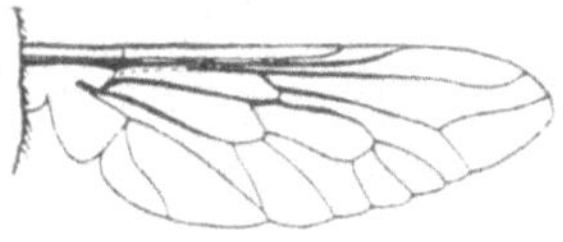

Abb. 32. Bremsenflügel.

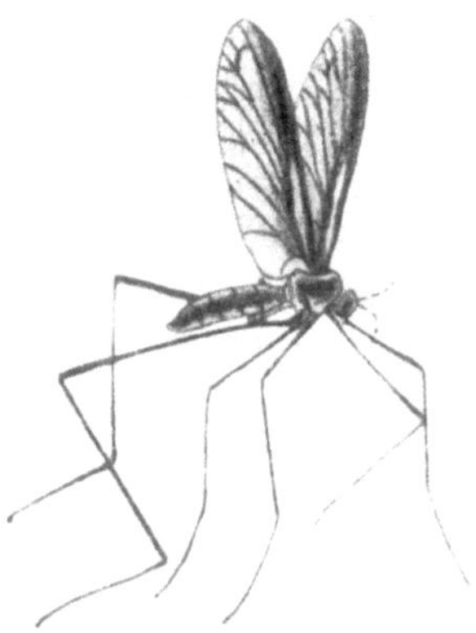

Abb. 31. Netzmücke.

Abb. 33. Flügel der Blattwespe.

fähige vordere Eintrittskante und die weiche, federnde, elastische Hinter- und Außenkante der Flügel. Diese Eigenschaften aller Flugorgane, die von ihrem Besitzer schwingend bewegt werden können, werden erreicht durch die Anordnung von den an der Vorderkante zusammenlaufenden und mehr oder weniger starr miteinander verbundenen Längsadern oder Längsrippen, die sich nach außen fächerförmig auseinanderziehen und bei ihrem weiteren Verlauf durch Querrippen miteinander verbunden werden. Außerdem ist die Hinterkante der inneren Tragfläche stets mehr oder weniger bauchig ausgebildet, so daß der tordierende Hebelarm der auf diese elastische Fläche wirkenden Luftkraft bedeutend größer ist, als an dem Vorderteil des Flügels.

Bei den Mehrflüglern tritt eine deutliche Aufgabentrennung der beiden Flügelpaare in Erscheinung. Je nachdem, ob der Vorder- oder Hinterflügel lang und schmal ausgebildet ist, übernimmt der andere Flügel die Aufgabe der

Tragfläche, während die ersteren den Vortrieb des Systems besorgen. Besonders deutlich kommt dies bei allen Heuschreckenarten zum Ausdruck, bei denen der vordere schmale Flügel in klarer Weise den Vortrieb übernimmt, während der breite Hinterflügel ausschließlich die Aufgabe zu erfüllen hat, den Körper zu tragen. Wir haben also hier gleichsam einen Zugpropeller vor uns, der vor der eigentlichen Tragfläche liegt und den Flieger vorwärts zieht. Bei anderen Arten, z. B. bei den Eintagsfliegen und Wasserhaften, ist der Vorderflügel bei weitem größer und breiter ausgebildet, während der Hinterflügel kleiner und schmaler geblieben ist, also einen Druckpropeller darstellt.

Abb. 34. Plattbauchlibelle.

Interessant sind in flugtechnischer Beziehung noch die Deckenflügler, bei denen das vordere Flügelpaar zu einer

Abb. 35. Hornissenschwärmer.

Abb. 36. Apfelwickler.

festen Panzerfläche ausgebildet ist, die während des Fluges nicht mehr bewegt werden kann. Diese starre Decke dient dem Insekt außer als Schutz auch als Tragfläche während des Fluges und erfüllt so dieselben Funktionen wie der starre Tragflügel eines Flugzeugs.

Die Deckenflügler besitzen als einzige Insektenart die Fähigkeit, ihre Flügel zu falten und auf diese Weise relativ große Flächen unter den schützenden Flügeldecken zu verbergen. Der ganze hierzu notwendige Falt- und Streckapparat ist außerordentlich sinnreich und interessant durchgebildet. Die Zusammenlegbarkeit der Flügel wird durch Anordnung eines Gelenkes erreicht, das etwa dem Daumengelenk des Vogelflügels entspricht. Während aber der Vogel dieses Gelenk im Fluge um einen gewissen Betrag bewegt, wird der Käferflügel vollständig starr gehalten und besitzt zu diesem Zweck eine Art Sperrgelenk, das bei normaler Flügelbewegung die Beugung verhindert.

Aus dem konstruktiven Aufbau der Flugapparate der Insekten geht mit guter Deutlichkeit hervor, daß alle vorhandenen Flügel sich in vollständig gleicher Weise bewegen. Es ist also unmöglich, daß sich etwa das hintere Flügelpaar im Aufschlag befinden kann, wenn die vorderen Flügel den Niederschlag ausführen oder umgekehrt. Da sich alle Insektenflügel um einen gewissen Betrag überdecken, und zwar in eigenartiger Weise häufig der Vorderflügel den Hinterflügel, so ist schon aus diesem Grunde nur eine zwangläufige, gleichmäßige Bewegung möglich.

Abb. 37. Maikäfer.

Die Überdeckung des Hinterflügels durch die Hinterkante des Vorderflügels, wie sie bei den meisten Schmetterlingen vorhanden ist, stellt insofern eine eigenartige Anordnung dar, als sie im Gegensatz zur Überdeckung der einzelnen Federn eines Vogelflügels beim Aufschlag den Flügelspalt schließt und so der Luft eine große, undurchlässige Fläche entgegensetzt, während beim Niederschlag die Flügel sich ventilartig öffnen und der Luft den Durchgang gestatten.

Abb. 38. Flügelüberdachung.

Daß bei diesen Tieren trotzdem ein freier Flug zustande kommt, ist ein äußerst interessantes flugtechnisches Phänomen. Theoretisch müßte der beim Flügelaufschlag sehr erheblich verstärkte Luftwiderstand das Tier abwärts drücken, während beim Niederschlag eine relativ geringe hebende Wirkung, dafür aber ein hoher Vortrieb zustande kommt. Der Flug dieser Tiere läßt sich nur dadurch erklären, daß zwischen den Geschwindigkeiten, mit denen die beiden Flügel auf- oder abwärts bewegt werden, eine erhebliche Differenz besteht, daß also die Flügel langsam auf- und schnell abwärts bewegt werden. Bei anderen Arten, z. B. bei dem Hornissenschwärmer, allen Libellen und einigen Wespenarten überdecken wieder die Hinterflügel die Vorderflügel und nähern sich auf diese Weise dem Aufbau des Vogelflügels.

Der Insektenflug hat im Zusammenhange mit Resonanzschwingungen offenbar nur geringere Bedeutung, da der Schwirrflug keine ausgesprochenen Wellenschwingungen erregen kann. Eine ganze Reihe von Naturbeispielen zeigt und bestätigt diese Annahme. Wo nämlich Insektenschwärme auftreten, vermissen wir mit aller Deutlichkeit jenes musterhafte Zusammenfliegen und die peinliche Ordnung des Fluges, die uns von den größeren Fliegern, den Vögeln, gezeigt wird. Ein völliges Durcheinander kennzeichnet stets diese Schwärme, was bei den ungeheuren Heuschreckenschwärmen, die oft eine Länge von 100 Kilometern und eine Breite von 20 Kilometern haben sollen, sehr klar in Erscheinung tritt. Das bei der gegenseitigen Berührung der schwingenden Flügel hörbare Geräusch ist ein deutlich wahrnehmbares Klappern und Klirren — ein Beweis dafür, daß diese Tiere auf eine Resonanz wenig Wert legen. Die für die kurze Lebensdauer diesen Geschöpfen zur Verfügung stehenden gewaltigen Nahrungs- und Energiemengen gestatten ihnen offenbar diese Verschwendung ihrer Kräfte.

c) Der Vogelflug

Die für die Erregung von Fernschwingungen so günstigen Eigenschaften der Luft als erregbares und zugleich koppelndes Mittel finden ihre idealste Nutzanwendung bei dem Fluge der Vögel, insbesondere der großen Wandervögel. Wie im Insektenreiche, so gibt es auch unter den Vögeln schnell und langsam fliegende Tiere, unter denen wir in großen Gruppen Flatter-, Ruder- und Segelflieger unterscheiden können. Während aber bei den Insekten die Flügelanordnung und Zahl je nach der Art der Lebensweise und des Anpassungsbestrebens des einzelnen Tieres in vielfachster Weise wechselt, haben die Vögel in ihrem Aufbau alle dieselben Merkmale und Flügelformen. Alle Vögel verfügen nur über zwei Flügel, die alle in zwei Hauptgelenken beugbar sind, aus dachziegelförmig gelagerten Federn ihre Fläche zusammensetzen und immer auf der Unterseite konkav, auf der Oberfläche konvex gewölbt sind, während alle Insektenflügel entweder völlig eben und glatt sind, wie die Schmetterlingsflügel, oder aber eine ungewölbte, unebene Fläche darstellen (Fliegen- und Libellenflügel).

Wie bereits im vorigen Abschnitt erwähnt wurde, stimmen aber Vogel- und Insektenflügel trotz der verschiedenartigsten Formen in denselben Hauptmerkmalen überein, der starren Eintrittskante und der elastischen Hinterkante des Flügels. Diese Durchbildung, die bei dem Insektenflügel durch fächerförmige Anordnung der Längsholme erreicht wird, ist beim Vogelflügel durch die elastische Befestigung der hinteren Deckfedern in der Flügelhaut ausgeführt, die sowohl durch ihre eigene Elastizität als auch durch die federnde Aufhängung eine biegsame Luftaustrittskante darstellt.

Ein weiteres, flugtechnisch sehr wichtiges Merkmal des Vogelflügels ist die Dreieckform seiner Flügelwurzel. Während der Insektenflügel nur an einem einzigen Gelenk am Körper befestigt ist, hängt der Flügel des Vogels außer an seinem Schultergelenk auch noch an einem starken, von Sehnen durchzogenen und durch Sehnen anspannbaren Hautlappen, der sich von dem Daumengelenk des Flügels in spitzem Winkel bis zur Brustmitte hinzieht. In diesem Hautlappen stecken die dem Rumpf zunächst gelegenen Federn sehr starr und unbiegsam, während sich der Durchfederungswinkel der Federn an der Flügelhinterkante nach dem Flügelende zu fortgesetzt vergrößert, so daß die äußersten Schwungfedern sich bis zu einem Winkel von 90 Grad durchbiegen können. Der Vogelflügel erfährt also unter dem Einfluß der Luftkräfte eine fortgesetzte Torsion, deren Wirkung am Körper gleich 0 ist und an der Flügelspitze ihr Maximum erreicht.

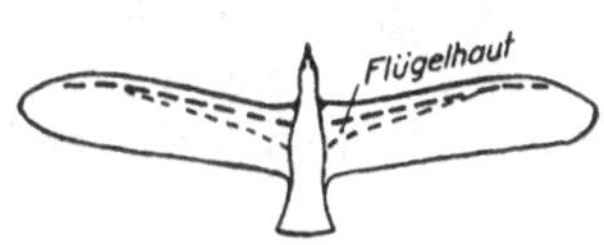

Abb. 39.
Flügelhaut eines Segelvogels.

Durch diese Dreieckform des tragenden Flügelverbandes zerfällt der Vogelflügel in zwei deutlich erkennbare Hauptteile, die Tragfläche und den Propeller. Die Tragfläche erstreckt sich bei dem normalen Ruderflug vom Rumpf bis auf etwa $^2/_3$ der gesamten Flügellänge, während das äußere Ende normalerweise in der Hauptsache dem Vortrieb dient und nur geringe Auftriebskräfte frei werden läßt.

Während das schwirrende Insekt bei der Bewegung seiner Flügel an eine bestimmte Form der Bewegung gebunden ist und diese Bewegungsform auch während des Fluges dauernd beibehält, ist der Vogel in der Lage, sich den vorhandenen Luftströmungen genauestens durch eine entsprechende Bewegung und Stellung seiner Flügel anzupassen. Genau wie der menschliche Arm kann der Vogelflügel sowohl in vertikaler Ebene bewegt, als im Kreise herumgeschwenkt werden, so daß nicht ohne weiteres gesagt werden kann, daß der Vogel reine vertikale Pendelschwingungen oder reine Kreisschwingungen ausführt. Vielmehr entstehen je nachdem, ob der Vogel mit Rückenwind fliegt, gegen starken Wind ankämpfen muß oder stark steigend zu fliegen versucht, mehr oder weniger deutlich erkennbare Kombinationen dieser Bewegungen.

Die beim normalen Ruderflug auftretende Flügelbewegung, die an dieser Stelle am meisten interessiert, ist aber eine Schwingung, die etwa in der Mitte zwischen Kreisschwingung und Vertikalschwingung liegt. Wie aus der Abb. 40 erkennbar

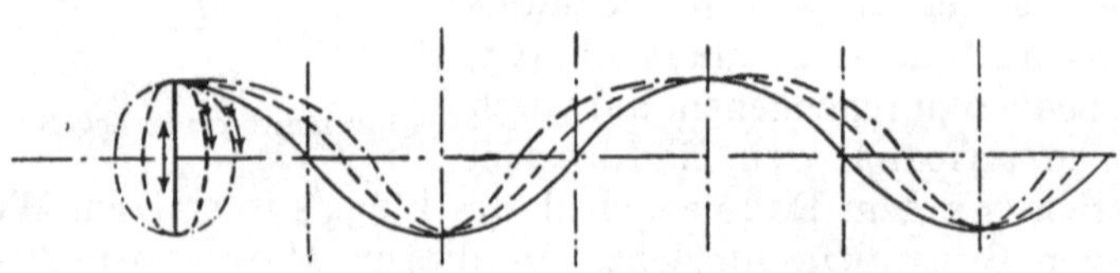

Abb. 40. Phasenverschiebung bei gleicher Fluggeschwindigkeit und verschiedenen Absolutbewegungen der Flügel.

ist, tritt bei den verschiedenen Absolutbewegungen der Flügel eine gewisse Phasenverschiebung der Schwingungswege ein, der sich der Flügel genauestens anpassen kann. Da bei großer Eigengeschwindigkeit des Vogels der aufsteigende Ast der Schwingung sehr flachverlaufend wird, so wirkt auch beim fortgesetzten Ruderflug der aufwärtsbewegte Flügel als erhebliche Tragfläche, so daß ein Abtrieb des ganzen Systems an keinem Punkte der Schwingungskurve auftritt.

Hieraus erklärt sich die Tatsache, daß selbst ganz langsam schwingende Vögel ohne jede Körperschwingung fliegen und im Wanderfluge fortgesetzt steigen.

Ein fliegender Vogel stellt ein schwingendes System dar, das einerseits das umgebende elastische Mittel, die tragende Luft, schwingend erregt und anderseits aus diesem schwingenden, elastischen Mittel, dessen Schwingungen sich mit Schallgeschwindigkeit fortbewegen, in gewissen Flugzuständen Vortriebsenergie entnehmen kann. Es tritt also in gewissem Maße eine Rückkopplung des schwingenden Mittels mit dem schwingenden System ein, die bis zu einem bestimmten Grade Energie-akkumulierend wirkt. Hat beispielsweise das Tier bei einem Flügelschlage mehr Energie abgegeben, als zu seinem normalen Fluge notwendig war, so ist es imstande, einen Teil dieser Energie bei der nächsten Schwingung aus der Welle des schwingenden Mediums zu entnehmen, wenn nur die Wellenlänge der ursprünglichen Schwingung die gleiche geblieben war.

Wie aus dem oben Gesagten hervorgeht, handelt es sich bei dem Fluge der Vögel um mehr oder weniger reine Wellenschwingungen. Je mehr die erregende Bewegung eine reine Pendelschwingung darstellt, je mehr also der Vogel bei dem Schwingen seiner Flügel sich der vertikalen Auf- bzw. Abwärtsbewegung nähert, um so mehr nehmen die erregten Wellenschwingungen genaue Wellenform an. Bei dem Hineingleiten in die kreisförmige Bewegung ergibt sich jedoch eine Abweichung von der Normalform, indem die obere Halbschwingung den größten Teil der Kurve einnimmt, während die untere Halbschwingung zu einem Zacken zusammenschrumpft oder sogar Schleifenform annehmen kann (Abb. 30). Im normalen Wanderfluge aber wird vorherrschend die erstere Schwingungserregung stattfinden, wenn der Vogel sich erst einmal in sein Element eingefühlt hat, so daß sich deutlich reine Wellenschwingungen zeigen.

Die Bedeutung dieser Wellenschwingungen liegt in der besonderen Prädestination für Resonanzauslösung bei Geschwaderflügen. Befindet sich nämlich die Luft infolge der Erregung durch einen schwingenden Vogelflügel in schwingender Erregung, so übt sie auf alle schwingungsfähigen Gebilde, die im gleichen Rhythmus zu schwingen imstande sind, Impulse aus, die das betreffende System zum Mitschwingen anregen. Es kommt also auf diese Weise eine Kopplung zwischen den beiden Systemen zustande, die nach der Art ihrer Wirkung eine lose Kopplung ist.

2. Schwingungsleistungen der Luftlebewesen

Wie bei den Fischen, so finden wir auch bei den Luftlebewesen Flugleistungen von ungeheuren Ausmaßen, die bei dem Vergleich mit dem Energiebedarf unserer Drachenflugzeuge uns in mechanischer und dynamischer Hinsicht vielfach unbegreiflich sind. Im Insektenreiche steht in dieser Beziehung die Wanderheuschrecke an erster Stelle, die häufig Strecken von 1500—2000 Kilometer zurücklegt. In Nordamerika sind sogar Schwärme beobachtet worden, die von den Rockey Mountains über den Mississippi bis nach Texas vordrangen und dabei 2800 Kilometer zurücklegten.

Diese für so kleine Tiere gewaltigen Strecken, zu denen die Insekten immerhin noch relativ viel Zeit gebrauchen, die sie zur Ergänzung ihrer Kräfte durch Nahrungsaufnahme benötigen, werden aber weit übertroffen durch die Leistungen verschiedener Wandervögel. So sollen z. B. die Turmsegler die Strecke von ihrem nordischen Brutgebiet bis zur nordafrikanischen Küste in etwa 60 Stunden zurücklegen und überfliegen dabei die hohen Alpengebirge und das Mittelländische Meer.

Unsere Hausschwalben wandern zwar nicht ganz so schnell wie die flinken Segler, aber immerhin auch in wenigen Tagen durch ganz Europa bis fast nach Zentralafrika.

Die für die Beobachtung des Wandervogelzuges besonders ins Leben gerufene Vogelwarte in Rossitten auf der kurischen Nehrung hat durch die Kennzeichnung der in der Jugend gefangenen Vögel äußerst interessante Einblicke in das Wanderleben der Zugvögel geschaffen und auf diese Weise Wanderleistungen festgestellt, die bis dahin niemand für möglich gehalten hatte. So wurde z. B. ein weißer Storch bereits nach 15 Tagen nach der Kennzeichnung in Kapstadt, also an der Südspitze Afrikas festgestellt und eine Lachmöve bereits nach einer Woche an der südspanischen Küste gefangen.

Für die Beurteilung des Energieverbrauchs beim Schwingungsfluge der großen Vögel sind ebenfalls noch die Beobachtungen des Verfassers an Wildgänsen interessant, die in den harten Wintermonaten der Jahre 1915—1916 und 1917 in Pommern angestellt werden konnten. Dieses Wild hält sich den ganzen Winter über bis Mitte März hinein an der Küstengegend Pommerns auf und ist besonders in der Gegend von Stralsund und der Insel Rügen stark vertreten.

Die Vögel ernähren sich in den harten Wintermonaten fast ausschließlich von junger, grüner Saat, die sie mit ihrem Schnabel und in geringem Maße auch mit ihren Füßen von der Schnee- und Eisdecke befreien, und sitzen tagsüber zu Tausenden auf den Roggenschlägen der großen pommerschen Güter. In der Nacht befinden sie sich auf den kleinen, der Küste vorgelagerten, etwa 4—5 Kilometer vom Festlande entfernten Inseln und kommen bei Tagesanbruch wieder zum Land zurückgeflogen. Es war festzustellen, daß diese Wildgänse täglich bis 40 Kilometer und weiter ins Hinterland hineinflogen und mit großer Pünktlichkeit jeden Morgen und jeden Abend auf dem Zuge erschienen. Auf diesem Zuge hat der Verfasser viele Gänse erlegt und zwar sowohl des Morgens als auch des Abends, und fand bei der Untersuchung der erlegten Vögel, daß am Morgen der Kropf und Magen während der harten Frostzeit meistens völlig leer war und am Abend nur geringe Mengen grüner Saat enthielt. Trotzdem legten die Tiere täglich 100 Kilometer und mehr zurück, teilweise bei starkem Sturm. Wenn auch zugegeben werden soll, daß der Vogel am Tage eine ganze Menge Nahrung verdaut, so ist doch im Winter bei eingeschneiten Saatfeldern die Nahrungsaufnahme so schwierig, daß im Vergleich zur Flugleistung die aufgenommene Nahrungsmenge nur gering sein kann. Da außerdem der Nährwert von jungem grünem Getreide sehr gering ist, so kann nur die außerordentliche Anpassungsfähigkeit der Tiere an die vorhandenen Luftströmungen und die Wirkung der Resonanzschwingung diese täglichen Flugleistungen ermöglichen.

Wenn wir uns alle diese Vorteile des tierischen Fluges vor Augen halten und uns vergegenwärtigen, daß wir täglich, ja stündlich, wenn man beobachten will, Tiere mit schnellem Ruderschlag durch die Luft ziehen sehen, so ist es doch verwunderlich, daß wir bei unserer hochtentwickelten Technik und bei der Fülle von fliegenden Beispielen noch nicht den Schwingenflug erreicht haben. Nach den bahnbrechenden Entdeckungen Schiefersteins darf aber wohl damit gerechnet werden, daß in näherer Zukunft der seit Jahrtausenden angestrebte Schwingenflug Tatsache werden wird.

V. Teil

1. Die Theorie der Vortriebsschwingung

a) Die Oberflächenwelle

Bewegt man in einer ruhenden Wasserfläche einen Stab in vertikaler Richtung mit einer bestimmten Schwingungszahl in der Zeiteinheit auf und ab, so entstehen Wellenzüge, die sich auf der Wasseroberfläche kreisförmig ausbreiten. Erfolgte der Impuls nur einmalig, etwa durch einen fallenden Stein, so entsteht zwar auch ein Wellenzug, der jedoch mit fortgesetzt abnehmender Amplitude sich fortbewegt, d. h. mit einer bestimmten Wellenzahl abklingt. Im letzteren Falle haben wir es also mit gedämpften Wellen zu tun, während im ersteren Beispiel die ergänzte Welle in Erscheinung tritt.

Das am Stabe haftende Wasser wird bei der Abwärtsbewegung des Stabes mit nach unten gerissen und teilt diese Bewegung den angrenzenden Wasserteilchen mit, soweit sie im Kohäsionsbereich der bewegten Moleküle liegen. Gleichzeitig verdrängt jedoch der in das Wasser hineingetauchte Stabteil eine gewisse Menge Wasser, das nur nach oben hin ausweichen kann und auf dem Wege zur Oberfläche von den abwärts bewegten Wasserteilchen seitlich abgelenkt wird. Dieser Vorgang kann mit guter Deutlichkeit an einem Gefäß mit dickem Öl wahrgenommen werden, bei dem man bei langsamen Hineinstoßen eines dicken Stabes deutlich das Aufquellen der durch den Stab verdrängten Ölmenge um den Stab herum beobachten kann.

Der gleiche Vorgang findet natürlich auch im Wasser statt, nur bleibt er infolge der größeren Beweglichkeit des Wassers nicht unmittelbar sichtbar. Vielmehr wird durch die bereits erwähnte seitliche Ablenkung die verdrängte

Wassermenge die Bildung eines Wellenberges unterstützen, der unmittelbar an das beim Hinabstoßen des Stabes erzeugte Wellental anschließt. Es wird also bereits bei dem ersten

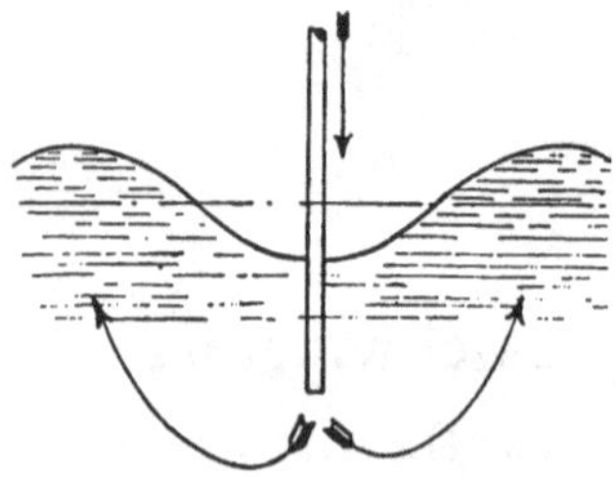

Abb. 41. Wellental.

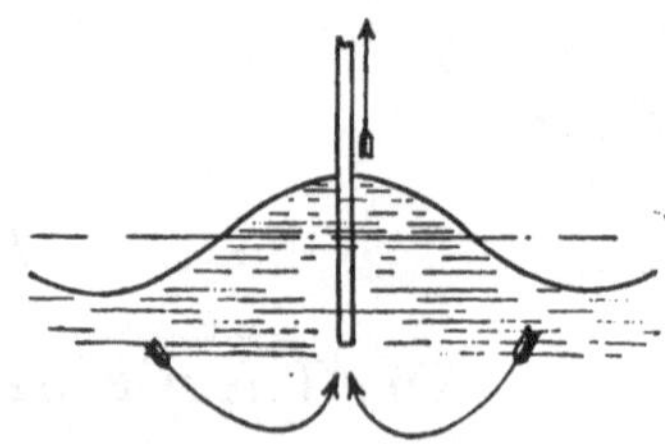

Abb. 42. Wellenberg.

Impuls sowohl Wellental als auch Wellenberg beeinflußt. Bei der Aufwärtsbewegung des Stabes kehrt sich der Vorgang naturgemäß um. Jetzt wird das am Stabe haftende Wasser nach oben gerissen und bildet einen Wellenberg, indes das zuerst erzeugte Tal sich um einen bestimmten Betrag nach außen bewegt hat. Dieses Tal wird jetzt unter dem Einfluß

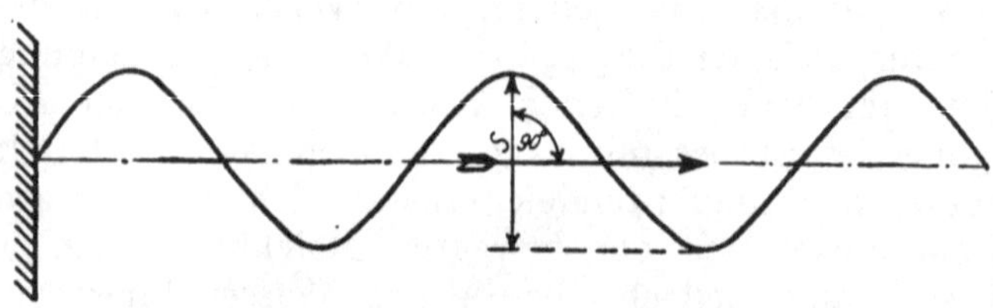

Abb. 43. Wellenschwingung.

des unter die Stabspitze zurückströmenden Wassers beeinflußt und vertieft. Es erfolgt also bei jeder Halbschwingung des erregenden Stabes sowohl ein Impuls zur Bildung eines Wellentals als auch ein Anstoß für die Erzeugung eines Wellenbergs.

Da das Wasser die Eigenschaft hat, seine Oberfläche ständig horizontal zu halten, so werden die in einem Wasserberg über das normale Niveau emporgehobenen Wasserteilchen unter dem Einfluß der Schwerkraft sich zu senken bestrebt sein, während das Wellental die gleiche entgegengesetzte Bewegung auszuführen versucht. Es tritt infolgedessen ein Pendeln der Wassermoleküle in vertikaler Richtung ein, das sich so lange fortsetzt, als die Erregung der Gesamtwelle andauert.

Die Oberflächenwelle bewegt sich unter dem Einfluß der erregenden Pendelschwingung mit einer ganz bestimmten Geschwindigkeit fort. Sie läuft also, dem Auge deutlich sichtbar, über die Wasseroberfläche und verbindet bei dieser Bewegung unmittelbar das Gefühl der Fortbewegung. Trotzdem ist diese Fortbewegung des Wassers nur eine scheinbare, denn ein auf das schwingende Wasser geworfener Korken tanzt nur im Rhythmus des schwingenden Stabes auf und nieder, ohne auch nur um einen geringen Betrag der Welle zu folgen. Die Moleküle des Wassers bewegen sich bei dieser Welle auf und nieder und veranlassen durch die gegenseitige Kohäsion die benachbarten Moleküle zum Mitschwingen, wobei die geringe innere Reibung zeitlich verschiebend wirkt. Da auch in diesem Falle eine Kopplung, und zwar eine ganz lose Reibungskopplung der einzelnen Moleküle vorhanden ist, so kann man für diese Kopplungsart den Begriff der Molekularkopplung festlegen.

Die Größe dieser Molekularkopplung ist ein wesentlicher Faktor für die Bestimmung der Fortpflanzungsgeschwindigkeiten von Wellenschwingungen. In dickflüssigem Öl werden nur schwer Wellen entstehen, in dickem Brei überhaupt keine, und dementsprechend ist auch die Fortpflanzung gering. Im Gegensatz dazu verlaufen Luftschwingungen außerordentlich schnell, nämlich mit Schallgeschwindigkeit, während die Wasserwellen in der Regel nicht über 6 m/sec hinauskommen.

Die Oberflächenwelle ist die einzige Wellenschwingung, die dem Auge sichtbar ist. Alle anderen Wellenschwingungen im Wasser und in der Luft verlaufen unsichtbar und sind im Wasser z. B. nur durch eine Färbung desselben zu erkennen. In der Luft sind unter besonderen Verhältnissen Wärmewellen sichtbar. Die für die Erzeugung von Vortriebswirkungen wichtigen Wellen werden uns nur durch die fliegenden Vögel indirekt erkennbar.

Eine besondere Art der Oberflächenwelle bildet die Bugwelle von Schiffen, die als gedämpfter Wellenzug von der Bugspitze eines Schiffes keilförmig abläuft. Diese Wellenart wird als einzige nicht durch eine primäre Pendelschwingung erregt, sondern gleichsam durch ein Umrollen des Wassers infolge des Anströmens an die schiefe Ebene, die durch den Rumpf des Schiffes gegeben ist. Die Keilwelle hat aber auch weiter die Eigenschaft, daß sie nicht, wie bei dem Beispiel mit der Staberregung, sich allseitig ausbreitet, sondern in einer ganz bestimmten Richtung weiterwandert, die durch die Wasserlinien des Schiffes bedingt ist.

Die Keilwellen haben besondere Bedeutung in Verbindung mit dem tierischen Geschwaderflug und spielen bei der Untersuchung über den menschlichen Schwingenflug in Geschwaderform eine wesentliche Rolle. Die verschiedenen Formen des Vogelzuges zeigen auf das deutlichste, daß auch in der Luft die von einem fliegenden Vogel abströmenden Wellen sich in Keilform fortbewegen, wobei allerdings diese Wellen von den Wasserwellen sich insofern grundsätzlich unterscheiden, als bei der Bugwelle des Schiffes das Wasser zunächst um einen gewissen Betrag emporgehoben wird, dann unter dem Einfluß der Gravitation zurückpendelt, und so Wellental und Wellenberg entsteht. Bei den Luftkeilwellen dagegen erfolgt die Erregung durch reine Pendelschwingungen der Vogelflügel, bei denen Wellenberg und Wellental zwangläufig erregt werden.

Abb. 44.
Die Keilwelle des Vogelzuges.

Eine der Luftwelle ähnliche Keilwelle könnte vielmehr im Wasser dadurch erreicht werden, daß der erregende Stab während jeder Schwingung sich um einen gewissen Betrag selbst fortbewegt, so daß das Zentrum des Schwingungskreises sich fortgesetzt nach einer Richtung hin verändert. Das so entstehende Bild dürfte in seinen Grundzügen im wesentlichen der Luftkeilwelle entsprechen.

An dieser Stelle mag noch erwähnt sein, daß der Ausdruck „Keilwelle“ dem Wesen dieser Schwingungsform besser entspricht als die in der Fachliteratur häufig angewendete

Schreibweise „Kielform". Bei dem letzteren Ausdruck könnte man annehmen, daß die hier behandelte Wellenerscheinung in irgendeinem Zusammenhange mit dem Kiel oder der Kiellinie eines Schiffes steht, was aber nach dem oben Angeführten

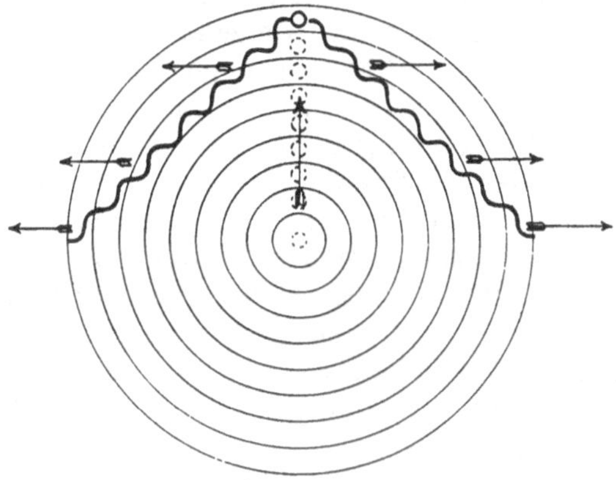

Abb. 45. Keilwelle.

nicht der Fall ist. Vielmehr ist die Form eines Keiles, die die „Keilwelle" annimmt, für die Wortprägung maßgebend.

Wie an den Bugwellen eines jeden Schiffes und bei dem Versuch mit dem schwingenden, vorwärts bewegten Stab

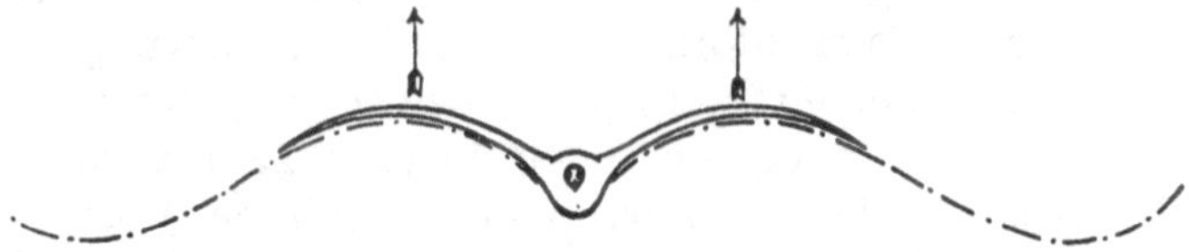

Abb. 46. Querwellenerregung durch fliegenden Vogel.

deutlich erkennbar ist, erfolgt die Fortpflanzung der Keilwellen stets in rechtwinkeliger Richtung zur Mittellinie des sich bewegenden Schiffes bzw. Körpers. Es ist also wahrscheinlich, daß auch die in der Luft vom Vogel erregten Schwingungen sich senkrecht zu seiner Körperlängsachse fortbewegen. Es ist weiterhin wahrscheinlich, daß die Erregung dieser Welle in der Weise erfolgt, daß der abwärtsschlagende

Flügel durch die nach außen geschleuderte Luft zunächst in einiger Entfernung vom Körper einen Wellenberg erzeugt, dem bei tiefstem Punkt des Flügels ein entsprechendes Wellental folgt. Dem nunmehr folgenden Wellenberg folgt der beim Aufschlag stark nach oben gekrümmte Flügel in denkbar bester Weise, während beim Niederschlag der äußere nach oben gebogene Teil des Flügels dem jetzt weiter fortschreitenden Wellenberg sich erregend anschmiegt.

Aus dieser Betrachtung ergibt sich auch in klarer Weise, daß nur bei einer Fortbewegung des ganzen Vogelzuges die in der vom ersten Tier erregten Schwingung enthaltene Energie von den nachfolgenden Tieren ausgenutzt werden kann. Würden z. B. die Vögel ohne Eigenfortbewegung ihre Schwingen regen, so würden sie in Keilform keinerlei Energieübertragung verspüren. Nur wenn sie sich nebeneinander befinden würden, wäre eine Energieübertragung denkbar.

Die von den Zugvögeln im Luftmeer erregten Wellen setzen sich aber außer diesen rechtwinklig abfließenden Keilwellen noch aus anderen Schwingungen zusammen, die in der Flugrichtung des Vogels liegen und durch die Verdrehung des Flügels um seine Längsachse hervorgerufen werden. Aus der Vereinigung dieser beiden Wellen ergibt sich eine resultierende Welle, die für den Vogelzug die verbindende Kette bedeutet. Da nämlich die primäre Keilwelle einer sich fortwälzenden Wulst gleicht, die keinerlei Erhebungen oder Einsenkungen, also Wellenform in ihrer Längsrichtung besitzt, so wäre dem Vogel ein Schwingen seiner Flügel nur in dem Falle möglich, wenn er um einen kleinen Betrag der Phase nacheilen würde. Damit wäre aber der nötige Vortrieb nur in geringem Maße möglich, wenn nicht die sekundäre Welle, die in der Flugrichtung verläuft, die folgenden Tiere mitnehmen würde. Auf diese Weise kommt die immer wieder den biotechnisch beobachtenden Naturfreund entzückende, mathematische Regelmäßigkeit des Vogelfluges zustande.

b) Die Pulsationswelle
(Längsschwingung oder Longitudinalwellen)

In engem Zusammenhang mit den oben behandelten Schwingungserscheinungen stehen die Pulsationswellen, die durch unmittelbare Stoß- und Sogbewegungen hervorgerufen werden. Während diese Pulsationen, bei denen Zonen verdichteten und verdünnten Mediums miteinander abwechseln, im Wasser von geringer Bedeutung sind, spielen sie in der Luftschwingung insofern eine Rolle, als sie den Auf- und Abflug der verschiedenen Tiere beeinflußen und teilweise erzwingen können. Eine Vortriebswirkung kommt diesen Schwingungen aber nicht zu, da die Fortpflanzung derselben sich lediglich in Druckunterschieden kundgibt. Die Pulsationswelle soll daher nur der Vollständigkeit halber an dieser Stelle erwähnt sein.

c) Die schwingende Leine

Spannt man zwischen zwei räumlich möglichst weit entfernte Festpunkte ein Seil, das zur Erzielung einer guten Elastizität beiderseitig in Federn oder anderen elastischen

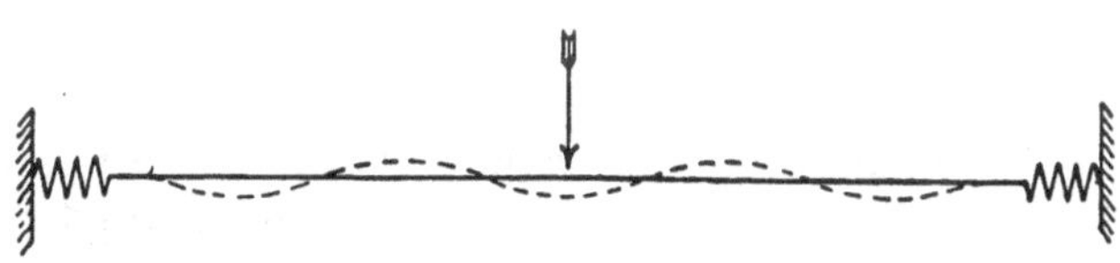

Abb. 47.

Mitteln hängt, und übt auf dieses schwingungsfähige System an einem Ende einen Kraftimpuls aus, so entstehen, genau wie auf dem Wasser, Wellen, die mit hoher Geschwindigkeit über die Länge des Seiles laufen. Diese Wellen, die nichts anderes als Oberflächenwellen sind, zeichnen sich dadurch gegenüber den Wasserwellen aus, daß die Kraft, die bei den letzteren durch die Schwerkraft gebildet wird, bei der Leine die Elastizität des Materials darstellt, die dem Seil stets wieder den gestreckten Zustand zu geben bestrebt ist. Es entsteht also eine je nach der vorhandenen Elastizität mehr oder minder schnelle Ausgleichbewegung der Wellentäler und -berge, durch die wiederum die Fortpflanzungsgeschwindigkeit der Welle wesentlich beeinflußt wird. Diese Wellengeschwindigkeiten können durch geeignete Einspannungen bis auf 80—100 m/sec und darüber gebracht werden.

Es entsteht also hier die Erscheinung, daß eine relativ langsame Bewegung, der erregende Kraftimpuls, eine zweite Bewegung von außerordentlicher Schnelligkeit einleitet, wie sie auf dem Gebiet der Mechanik einzig dasteht.

Allerdings ist diese Wellenfortpflanzungsgeschwindigkeit an sich nicht auswertbar, sondern es muß noch ein zweiter Faktor hinzukommen, das umgebende Medium, sei es nun Luft oder Wasser. Erst auf dieses kann die laufende Welle einwirken und so als Reaktion einen Vortrieb auf das schwingende Organ ausüben.

Die gleiche Wirkung kann mit einer schwingenden Vorrichtung erreicht werden, die nicht erst durch besondere

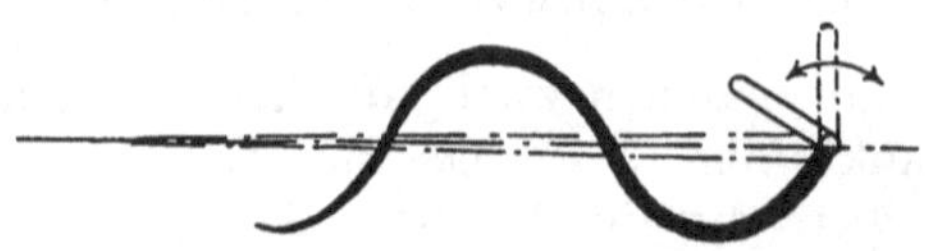

Abb. 48.

elastische Mittel für die Schwingung vorbereitet ist, sondern die in sich genügend elastisch ist, um schwingend erregt werden zu können. In diesem Fall braucht das schwingende Organ an nur einer Seite beweglich befestigt zu werden, während das frei herausragende Ende infolge der inneren Elastizität stets in die gestreckte Lage sich einzustellen sucht. Die Erregung eines derartigen Systems braucht auch nicht, wie bei dem Seil, an einem Wellental zu erfolgen, sondern kann durch eine lateral um einen Wellenknotenpunkt als Drehachse schwingende Bewegung hervorgerufen werden.

2. Die phasenmäßige Entwicklung der Schwingung

Zur besseren Verdeutlichung der in diesem Teil behandelten Wellenschwingungen soll die Entwicklung derselben im Wasser vorgenommen werden, weil einesteils hier die Bewegung langsamer und klarer zur Anschauung kommen als in der Luft und weil in letzterer auch ausschließlich Viertelschwingungen als erregende Bewegungen vorkommen, die schwieriger erkennbar sind. Als schwingendes System sei eine elastische, an dem einen Ende drehbar gelagerte Platte vom Seitenverhältnis 1 : 6 angenommen, deren freies Ende vollständig vom Wasser bedeckt sei. Die Materialstärke dieser Platte verlaufe derart, daß die Elastizität geradlinig ansteige, daß also die Platte nach ihrem Ende zu immer dünner und elastischer werde.

Wird jetzt an einem Querhebel, der am Drehpunkt der Platte angeordnet sei, eine langsame Achteldrehung ausgeführt, so nimmt die Platte zunächst eine parabelförmige Kurve an.

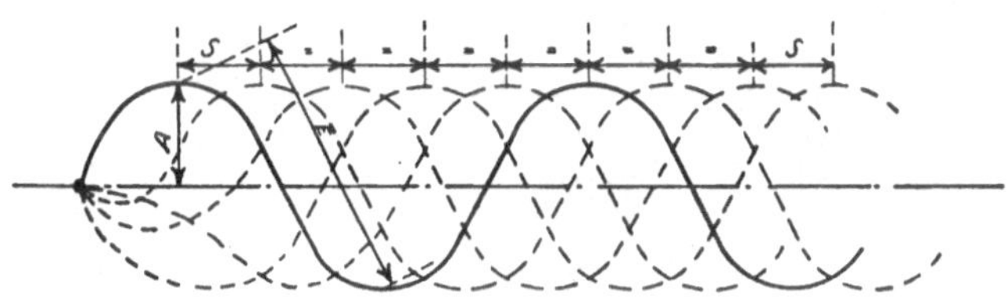

Abb. 49.

Bei dem Stillstand der Bewegung geht die Fläche infolge der Elastizität allmählich in ihre gestreckte Form über. Erfolgt jedoch sofort nach Erreichung des Stillstandes eine Umkehrung der Bewegung, so entsteht bereits eine Welle auf der Platte, die sinusähnlichen Charakter hat. Wird die erregende Hin- und Herbewegung aber weiter beschleunigt, so entsteht infolge der jetzt in Erscheinung tretenden Massenkräfte des durch die Platte beaufschlagten Wassers ein so hoher Widerstand gegen seitliche Bewegungen, daß bei periodischer Hin- und Herbewegung eine fortlaufende ungedämpfte Wellenschwingung erregt wird. Diese Wellenschwingung hat die gleichen Eigenschaften wie die Oberflächenwelle. Auch bei ihr bewegt sich der erregte Wellenberg mit der durch die Stärke des Erregungsimpulses und durch die Größe der Elastizität bedingten Geschwindigkeit längs der Platte fort und läuft schließlich ohne wesentliche Dämpfung am Schlusse derselben aus.

Es ist selbstverständlich, daß diese Wellenschwingungen nach dem Ablauf von der Platte sich im Wasser weiter fortpflanzen. Diese Fortpflanzung erfolgt aber nicht in derselben

Form, wie sie die schwingende Platte darstellt, sondern in Wirbelform, die in ihrer Zusammensetzung als Resultierende wiederum eine Schwingung ergibt, die genau der Erregerschwingung gleichartig ist.

Da bei der elastischen Platte der Impuls periodisch zugeführt wird, so entstehen ergänzte Schwingungszüge, die sich mit einer der betreffenden Schwingung spezifischen Geschwindigkeit vom Festpunkte fortbewegen. Betrachtet man die Entwicklung dieser Schwingung über eine ganze Hin- und Herbewegung, so ergibt sich das in Abb. 49 dargestellte Bild.

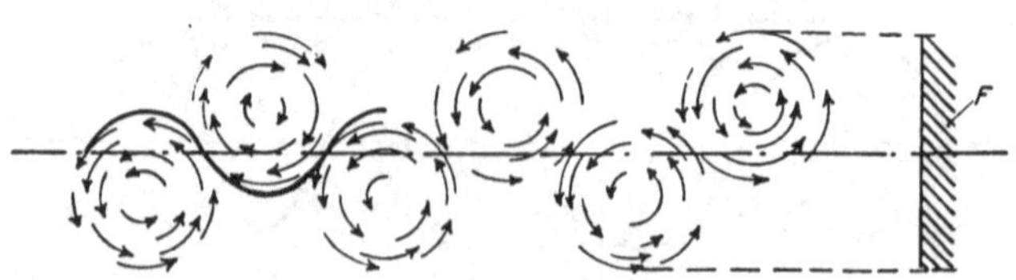

Abb. 50.

Die Maximalamplitude A wird also in jeder Zeiteinheit, genau wie bei dem Beispiel mit der Oberflächenwelle oder der Leine, um die Strecke s nach rückwärts wandern, bis sie am Ende der Fläche ausläuft. Es ist sinnfällig, daß die Ebene E bei dieser Bewegung die vor ihr liegende Wassermenge mit derjenigen Geschwindigkeit, die der Schwingungswelle spezifisch ist, in derselben Richtung verdrängt, der sie selbst folgt. Der Druck der Ebene E auf das Wasser erfolgt jedoch nicht senkrecht zur Wellenfortpflanzungsrichtung, sondern mit einem gewissen „Anstellwinkel“, der eine Ablenkung des Wassers in der Pfeilrichtung zur Folge hat. Infolge dieser schiefen Abstoßung der vor der Fläche E ruhenden Wassermasse gerät diese in eine Wirbelbewegung, die sich, wie auch beim Modellversuch ersichtlich ist, an der Fläche in Fahrtrichtung dreht.

Diese in sich geschlossenen Wirbel beeinflussen naturgemäß die angrenzenden Wasserschichten und rufen auf diese Weise Wirbelfelder hervor, die sich ähnlich wie die in der Aerodynamik bekannten „Kármánschen Wirbelstraßen“ fortbewegen. Bei jeder Achteldrehung an dem Gelenk der elastischen Platte erfolgt also die Ablösung eines solchen Wirbels, der mit der Geschwindigkeit der Erregerwelle in derselben Richtung wie diese fortschreitet. Man erreicht also auf diese Weise mit einer relativ langsamen Hin- und Herbewegung recht erhebliche Wellengeschwindigkeiten und damit hohe Kraftimpulse.

Diese Wirbelstraßen sind für die Beurteilung der Güte eines Schwingungspropellers von wesentlicher Bedeutung, da die beeinflußte Wassermasse hierdurch eine sehr erhebliche wird, wie dies von keinem anderen Vortriebsorgan erreicht wird.

Bei den durch die Flügelschläge der Vögel erzeugten Luftschwingungen handelt es sich immer um die primäre Viertelschwingung des Vortriebsmittels, bei dem dieses sich nicht vollständig der ganzen Welle anschmiegt, sondern nur an einem Viertel dieser Welle erregend wirkt. Voraussetzung für die Wirksamkeit einer solchen erregenden Schwingung ist aber, daß das schwingende Organ mit seiner Hauptwirkungsfläche der Maximalamplitude folgen kann.

VI. Teil

Die Anwendungsmöglichkeiten der Resonanzschwingung als Vortriebsmittel in der Technik

a) Die Wellenschwingung als Schiffsantrieb

Im Zusammenhang mit dem vorliegenden Thema sind einige Versuche der Verfassers von Interesse, die in den Jahren 1925 und 1926 an Modellen und kleineren Versuchsbooten durchgeführt wurden. Um die bei dem Schwingungsantrieb auftretenden Kräftewirkungen möglichst eingehend erfassen und erkennen zu können, wurde zunächst zu Versuchszwecken ein kleines Modellboot aus Eisenblech hergestellt, das als Kraftquelle einen schwachen, aus einer Baterie gespeisten Elektromotor besaß. Von der Verwendung eines Uhrwerkes wurde abgesehen, weil der Ungleichförmigkeitsgrad bei diesem Antrieb zu groß war, indem die gespannte Feder im Anfang die aufgespeicherte Energie schnell abgab und die Kräfteäußerungen zuerst sehr starke, dann aber rasch abnehmende waren.

Der Elektromotor hatte diese Nachteile nicht, sondern lief mit guter Gleichförmigkeit etwa 30 Minuten lang. Der

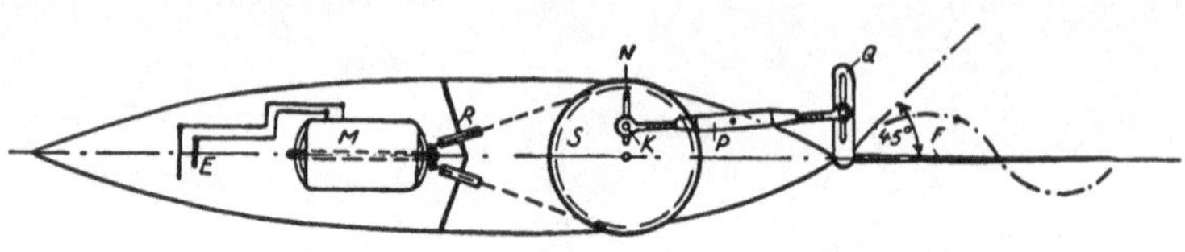

Abb. 51.

Mechanismus des Bootes (Abb. 51) bestand aus der Batterie (E) dem daraus gespeisten Elektromotor (M), dessen Riemenscheibe über zwei Leitrollen (R) durch einen Riemen (B)

auf die große Seilscheibe (*S*) wirkte, die in dem Schlitz (*N*) radial verschiebbar einen Kurbelzapfen (*K*) trug, der gelenkig mit der Pleuelstange (*P*) verbunden war, die ihrerseits wieder gelenkig an dem Querhebel der elastischen Platte, der „Flosse" (*F*) befestigt war. Bei der durch die Arbeit des Motors verursachten Drehung der Scheibe (*S*) wurde an dem Querhebel der Flosse eine hin und her gehende Bewegung erzeugt, bei der der Kurbelhub und damit der beiderseitige Ausschlag der Flosse in weiten Grenzen infolge der Verstellungsmöglichkeit des Kraftangriffspunktes verändert werden konnte.

Es wurden nun der Reihe nach planmäßig eine Anzahl von verschiedenen Flossen — wir wollen diese Plattenpropeller einmal so nennen — auf ihre Wirksamkeit hin untersucht und jede für sich mit einem zweiten Versuchsboot verglichen, das als Antriebsquelle den gleichen Elektromotor besaß, aber mittels Schraubenpropeller angetrieben wurde.

Es kamen insgesamt 5 Flossen zur Untersuchung, von denen die ersten drei aus glattem Eisenblech von $^1/_{10}$ mm Stärke bestanden und die das Seitenverhältnis $B/L = 1 : 1$, $1 : 2{,}5$ und $1 : 6$ hatten, während die beiden letzten von zwei Blattfedern mit darübergespanntem Kupferblech von $^1/_{20}$ mm Stärke und dem Seitenverhältnis $B/L = 1 : 3$ und $1 : 6$ gebildet wurden. Bei den Vergleichsversuchen zeigte die erste Flosse vom Seitenverhältnis $B/L = 1 : 1$ die relativ beste Wirkung gegenüber dem Schraubenpropeller, dem sie jedoch, ebenso wie die beiden folgenden, beträchtlich an Wirkungsgrad unterlegen war. Das Schraubenmodell erreichte auf der 7 m langen Versuchsstrecke das Ziel um 36 Sekunden früher als das Flossenmodell, das 146 Sekunden brauchte. Flosse 2 und 3 ergaben schlechtere Resultate, die wohl darauf zurückzuführen sind, daß das dünne Blech bei wachsender Länge sich blasebalgförmig zusammenzog, und auf diese Weise eine sehr kurze Vortriebswelle entstand. Da die Druckwirkung der Flosse auf das Boot ja auch an die Biegungsfestigkeit der Flosse selbst ganz bestimmte Anforderungen stellt, so zeigte es sich, daß die Elastizität der Flosse nicht durchgehend die gleiche sein durfte, sondern daß an der Angriffsstelle der Flossendruckkraft, also an dem gelenkig mit dem Bootsheck verbundenen Vorderteil der Flosse, diese möglichst kräftig und wenig elastisch und nach dem hinteren Ende zu immer weicher und biegsamer ausgebildet sein mußte.

Deshalb wurden die beiden folgenden Versuchsflossen derart aufgebaut, daß über zwei dreilagige dünne Eschenholzblattfedern ein gelenkig verschiebbares Kupferblech gespannt wurde. Diese Konstruktion zeigte überraschende Resultate hinsichtlich des Wirkungsgrades, der wesentlich den des Schraubenmodells übertraf. Die Flosse 4 führte allerdings bei größerem Hub zu stärkeren Schlingerbewegungen des Bootes, während bei der letzten Ausführung das Modell mit ganz geringen seitlichen Bewegungen genau geradeaus lief, dabei das Schraubenmodell wesentlich an Geschwindigkeit übertreffend.

Bei diesen Versuchen stellte es sich heraus, daß der durch Veränderung des Hubes veränderliche Schwingungswinkel der Flosse bei etwa 40—45 Grad am günstigsten lag. Kleinere Winkel ergaben selbst bei gesteigerter Frequenz schlechtere Wirkung. Bei Winkeln über 45 Grad übertraf der Energiebedarf die verfügbare Leistung des Motors. Außerdem traten starke Seitenbewegungen des ganzen Bootes auf. Die Geschwindigkeit des Modells war bei einem Winkel von 43 bis 45 Grad maximal. Eine Frequenzsteigerung bei diesem Schwingungswinkel wurde ohne Gierbewegungen des Modells unmittelbar in Geschwindigkeit umgesetzt, jedoch scheint man auch hierbei zu einer Grenze zu gelangen, bei welcher der Wirkungsgrad wieder schlechter wird.

Um die Frage der Steuerfähigkeit der Vorrichtung zu untersuchen, wurde die Pleuelstange (P) in einfacher Weise durch ein Spannschloß ersetzt, um eine Verlängerung bzw. Verkürzung der Schubstange zu erreichen. Auf diese Weise wurde eine einseitige Verstellung der Flosse erzielt, so daß bei gleichbleibendem Schwingungswinkel die Resultierende der Flossenkraft zur Bootslängsachse einen Winkel bildete und so die Fahrtrichtung ändernd beeinflußte. Die hierbei erreichte Steuerfähigkeit war eine gute. Das Modell beschrieb geschlossene Kreise von 70 cm Durchmesser ohne Geschwindigkeitsverlust.

Auf Grund dieser Modellversuche wurde nun ein leichtes Einsitzerpaddelboot mit Flachboden zu weiteren praktischen

Versuchen verwendet (Abb. 52). Die gesamte Antriebsvorrichtung bestand in einfachster Weise aus der Flosse (*F*), deren Querhebel (*Q*) mittels kräftiger Stahlseite (*D*) mit dem Pedalhebel (*H*) verbunden war. Die Flosse selbst war in die nor-

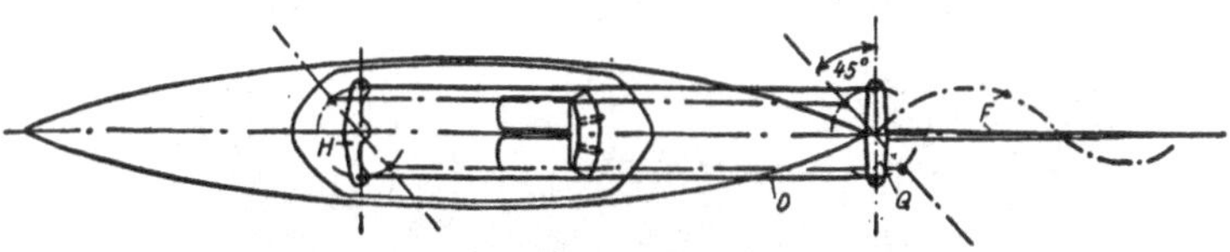

Abb. 52.

malen Steuerrudergelenke am Bootsheck hineingehenkt. Das Querpedal (*H*) konnte mit beiden Füßen bequem bis zu einem Zentriwinkel von 45 Grad bewegt werden.

Im weiteren Verlauf der Versuche wurde außerdem ein normales Zweisitzer-Paddelkielboot mit derselben Vorrichtung, aber mit gleichzeitigem Antrieb für zwei Personen, also mit gekuppelten Pedalhebeln ausgerüstet. Es kamen zwei Flossenkonstruktionen zur Anwendung, von denen die eine ein Seitenverhältnis von $B/L = 1 : 3,5$ und die andere von $B/L = 1 : 6$ aufwies. Der Aufbau derselben entsprach dem der Versuchsflossen des Modells und war in der Weise durchgeführt, daß an einer vertikalen Steuersäule zwei Eschenholzfedern von 5 Lagen zu je 4 mm Stärke eingezinkt waren, bei denen die mittlere Lage bis zum hinteren Flossenende durchlief, während die beiden anderen Lagen nur bis zu $^2/_3$ bzw. $^1/_3$ der gesamten Länge reichten. Über diese Federn wurde beiderseits ein mit Schlitzen versehenes Messingblech von 0,3 mm Stärke verschiebbar vernietet und so eine Fläche geschaffen, deren Elastizität sich geradlinig veränderte. Die beiderseitigen Bleche überragten die am weitesten durchlaufende Federlage um etwa 100 mm, so daß die Flosse in eine haarscharfe, sehr elastische Schneide auslief.

Die ersten Versuche wurden Anfang Juli 1925 in stehendem Gewässer ausgeführt und zwar zunächst mit der kürzeren Flosse am Flachboot. Nach Behebung von einigen baulichen Schwierigkeiten war zu erkennen, daß der Vortrieb ein guter war und dem durch Ruder erzeugten fast gleichkam. Als Nachteil mußte bei dieser Konstruktion festgestellt werden, daß der Energiebedarf auch bei höherer Geschwindigkeit des Bootes ein relativ großer war. Ferner machte das an und für sich sehr wendige Flachboot jeden Flossenausschlag mit, was ebenso auf den Vortrieb hemmend einwirkte. Dies Resultat rührte offenbar daher, daß die Flosse infolge ihre relativen

Abb. 53.

Kürze keine volle Periode bei der Schwingung ausführte, sondern nur jeweils einen Wechsel, wodurch natürlich die Richtung der resultierenden Druckkraft der Flosse sich fortgesetzt änderte.

Die zweite Versuchsausführung von dem Seitenverhältnis 1 : 6 zeigte diese Nachteile nicht. Vielmehr war der Wirkungsgrad dieser Flosse ein über Erwarten guter. Hier trat bei einem Ausschlag von 45 Grad nach jeder Seite eine fast volle Periode bei jeder Hin- und Herbewegung in Erscheinung, welche die resultierende Kraftrichtung genau in die Bootskiellinie legte. Bei dem Flachboot traten allerdings bei langsamer Frequenz noch ganz schwache Gierbewegungen des Bootes auf, die jedoch bei erhöhter Schwingungszahl und der damit verbundenen Eigengeschwindigkeit des Bootes vollkommen aufhörten.

Interessant war bei dieser letzteren Ausführung die Veränderung des Energiebedarfs bei der sich ändernden Eigengeschwindigkeit des Bootes. Da die Beschleunigung des Bootes aus der Ruhelage infolge der sehr geringen Schlüpfung eine sehr hohe war, so erforderte die erste Bewegung desselben eine erhebliche Energie, deren Bedarf jedoch bei zunehmender Geschwindigkeit schnell geringer wurde. Diese Verringerung des Energiebedarfs ging bis zu einer gewissen Geschwindigkeitsgrenze, bei der nur ein müheloses Hin- und Hertreten des

Abb. 54.

Fußhebels notwendig war, um diese kritische Geschwindigkeit innezuhalten. Schnelleres Treten führte zu ganz geringer Geschwindigkeitssteigerung mit unverhältnismäßig höherem Energiebedarf.

Auch die Wendigkeit des Bootes war eine überraschend gute. Es war ohne weiteres möglich, sowohl das Flach- als auch das Kielboot ohne Zuhilfenahme von Rudern usw. fast auf der Stelle um 360 Grad zu drehen. Die erreichte Höchstgeschwindigkeit betrug bei der letzten Ausführung 3,7 m/sec. Starke Strömungen auf der Elbe wurden mühelos durchfahren und überwunden.

An dieser Stelle ist ein kleiner rechnischer Vergleich von Interesse, der zwischen dem Wirkungsgrad eines Schwingungspropellers und eines Schraubenpropellers angestellt werden kann. Angenommen, der mechanische Wirkungsgrad sei bei beiden Antriebsarten = dem utopischen Wert 1, so daß man die Leistungsbelastungskurven nach Borck bei diesem Vergleich anwenden kann, so ergibt sich bei einer Tauchtiefe des Bootes von 10 cm ein F beim Schraubenpropeller von $\frac{\pi\, 10^2}{4} = 0{,}0079\ \text{m}^2$ in der Massenformel des sekundlich zurückgeworfenen Schraubenstrahls:

$$\frac{M}{t} = \frac{\gamma}{g} \cdot F \cdot V_{\text{strom}} \,.$$

Bei einem Schwingungspropeller ist dies F jedoch bei einem Seitenverhältnis von $1 : 6 = 10 : 60 = 0{,}06\ \text{m}^2$, wobei die Wasserbeeinflussung durch die erwähnten Wirbel unberücksichtigt gelassen werden und als Multiplikator mit der Flossentiefe, also 10 cm, die doppelte Amplitude A für eine Achtelschwingung, für eine Viertelschwingung dagegen die vierfache Amplitude eingesetzt werden soll, was mit genügender Genauigkeit im vorliegenden Falle zutrifft.

Legt man nun die Leistung eines Mannes mit 0,15 PS zugrunde und setzt die zu erzielende Bootsgeschwindigkeit mit 1,5 m/sec fest, so ergibt sich im vorliegenden Falle für den Schraubenpropeller eine Leistungsbelastung von $\frac{N}{F} = \frac{0{,}15\ \text{PS}}{0{,}072\ \text{m}^2} = 19\ \text{PS/m}^2$, während der Schwingungspropeller nur mit $\frac{0{,}15}{0{,}06} = 2{,}5\ \text{PS/m}^2$ belastet ist. Diese Belastung ergibt in Abhängigkeit von $V_{\text{schiff}} = 1{,}5$ m/sec beim Schraubenpropeller einen Maximalwirkungsgrad von $\eta_{\max} = 0{,}52$, während der Schwingungspropeller ein $\eta_{\max}$ von 0,78, also einen um 26% besseren Wirkungsgrad aufweist. Wenn dagegen V_{schiff} nur mit 1,5 m/sec angesetzt wurde, so wird dabei übersehen, daß es dem Verfasser gelungen ist, aus dem betreffenden Fahrzeug, dem Paddelboot, mit einem Schwingungspropeller eine abgestoppte Höchstgeschwindigkeit von 3,7 m/sec herauszuholen, wobei allerdings wohl nicht 0,15 PS, sondern auf ganz kurze Zeit 0,5 PS geleistet wurde. Es ergibt sich bei Zugrundelegung dieser Werte eine Leistungsbelastung des Schwingungspropellers von $8{,}35\ \text{PS/m}^2$, was einem $\eta_{\max}$ von etwa 0,945 entspricht. Bei einer dauernden Geschwindigkeit von 2 m/sec, die mühelos erreicht werden kann, ergibt sich bei 0,15 PS Dauerleistung immerhin noch ein Bestwirkungsgrad von 0,92. Um denselben Wirkungsgrad zu erreichen, müßte der Schraubenpropeller einen Durchmesser von $d = \sqrt{\frac{F \cdot 4}{\pi}} = 27{,}6$ cm besitzen, d. h. er würde für ein derart flach gehendes Boot als Antriebsorgan gar nicht praktisch in Betracht kommen.

Bei allen diesen Vergleichen wurde jedoch dem Schraubenpropeller eine Reihe nicht unbedeutender Konzessionen gemacht. So wurde im vorliegenden Falle η_{mech} bei beiden Antriebsarten gleich gesetzt, nämlich $= 1$. Da zur Erzeugung der Rotation außer sich reibenden und gleitenden Teilen Kraftrichtungsänderungselemente, wie Zahnräder, Kettenräder, Ketten usw. nötig sind, wobei die Forderung der gleichen bequemen Lage des Bedienungsmannes aufgestellt werden muß, so wird im Vergleich zum Antrieb eines Schwingungspropellers der mechanische Energieverbrauch sehr beträchtlich. Bei der Betätigung des Schwingungspropellers dagegen werden die vom Körper ausgehenden Kräfte unmittelbar durch die Zugseile auf das Vortriebsorgan übertragen, wobei als Verschlechterungsfaktor des η_{mech} lediglich die geringe Zapfenreibung der Gelenke in Erscheinung tritt. In unserem Beispiel würde also der Vergleich des η_{Antrieb}, des Gesamtwirkungsgrades beider Fahrzeuge, durch diese Faktoren sehr zu ungunsten des Schraubenpropellers ausfallen.

Weiterhin ist die Beeinflussung des Wassers durch die beim Schwingungspropeller sich ablösenden Wirbel vernachlässigt worden, obwohl durch diese Wirbel das F der Rechnung nicht unwesentlich in seiner Größe beeinflußt wird. Obwohl es sich im vorliegenden Beispiel nur um den versuchsweisen Antrieb eines kleinen Bootes handelt, so sind prinzipiell die Ergebnisse doch auch auf größere Dimensionen zu übertragen, selbstverständlich immer nur innerhalb der Grenzen, die uns durch unsere technische Beurteilung gezogen sind.

Als besondere Art des Schwingungspropellers wäre noch der nach Art der Hai- oder Thunfischschwanzflosse wirkende Viertelschwingungspropeller zu erwähnen, der noch bessere Wirkungsgrade verspricht. Über Einzelheiten dieser Bauart können z. Z. jedoch aus patentrechtlichen Gründen keine näheren Angaben gemacht werden.

Da der Schwingungspropeller zwei Organe in sich vereinigt, das Steuerruder und den Propeller, so kann jedes Organ für sich seine Funktionen erfüllen, d. h. ein derartiges Organ könnte beispielsweise bei Segelbooten als normales Steuerruder von großer Wirksamkeit bei Segelbetrieb dienen und bei Windstille als einfachster Propeller ohne zusätzlichen Widerstand, wie ihn die Schraube bietet, als Hilfsantrieb Verwendung finden. Bei allen Ruderbooten, insbesondere bei Jagdbooten, die mit den Füßen in der Gesichtsrichtung bei freien Händen geräuschlos ohne Ruderplätschern gefahren werden können, dürfte der schwingende Antrieb die eigentliche Ruderarbeit sehr unterstützen und nach Belieben, z. B. bei Ermüdung der Arme, den gleich schnellen Vortrieb des Fahrzeugs ganz übernehmen. Für den motorischen Antrieb würden eine Reihe besonderer Kraftübertragungsorgane notwendig werden, die zwar den mechanischen Wirkungsgrad des Systems etwas herabsetzen würden, die jedoch konstruktiv einfach und betriebssicher durchgebildet werden können.

Der Schwingungspropeller ist nach dem oben Ausgeführten ein Vortriebsorgan, das theoretisch und praktisch seine Berechtigung in der Technik hat. Es ist zu wünschen, daß die Schwingung im Bootsbau häufig angewendet wird und auf diesem Gebiet die gleiche Existenzberechtigung beweist, die in der Natur seit Jahrtausenden zum Ausdruck gekommen ist.

b) Die Wellenschwingung als Flugzeugantrieb

Bei aufmerksamer Beobachtung fällt bei dem Vergleich der verschiedenen Tiere ein Umstand besonders ins Auge, die Abhängigkeit der Schwingungszahl der Flügel von der absoluten Größe des Tieres. Wenn wir die Insekten außer Betracht lassen, so sehen wir, daß der Sperling sich mit sehr schnell aufeinanderfolgenden Flügelschlägen fortbewegt, während die Taube schon erheblich langsamer ihre Flügel regt. Die größere Krähe und die weit klafternde Möve rudern noch bedeutend gemächlicher, und der Bussard und Storch ziehen mit ganz langsamen Flügelbewegungen ihre luftige Bahn. Je größer also die absolute Größe des Tieres wird, um so geringer bleibt die Schwingungszahl derselben.

Diese Erscheinung hängt jedoch keineswegs mit der Flächenbelastung des betreffenden Vogels zusammen, die bekanntlich beim Bussard erheblich höher ist als beim Sperling. Es liegt vielmehr die Vermutung nahe, daß es sich hier unmittelbar um die Einwirkung der vom Flügel erregten Schwingungswelle handelt, die bei der von dem Ausschlag des betreffenden Flügels abhängigen Amplitude gar keine schnellere Schwingung gestattet, als der Eigenschwingung der Welle entspricht.

Bei weiterer Vergrößerung wird also mit wachsender Amplitude die Schwingungszahl immer geringer werden, bis schließlich bei Flugzeuggrößen, die Menschen zu tragen vermögen, die Schwingungszahl nur einen Bruchteil der vom Storch ausgeführten Schlagzahl beträgt. Bei einer derart langsamen Bewegung so relativ großer Flächen wird aber einerseits der aerodynamische Wirkungsgrad mit wachsender Größe immer besser, und anderseits treten hierbei geringe Massendrücke des schwingenden Organs auf, die die Aufhängung eines derartigen Schwingflügels konstruktiv günstig beeinflussen.

Weiterhin erkennen wir aber auch im Vogelreiche, daß mit wachsender Größe die Fluggeschwindigkeiten der Vögel in beträchtlichem Maße zunehmen. Diese Erscheinung folgt in klarer Weise aus der Betrachtung der bei großen Wellen auftretenden Kräftewirkungen. Eine lange Welle bedeckt naturgemäß einen längeren Weg als eine kurze, so daß ein auf einer längeren Welle fliegender Vogel bei einer Flügelschwingung eine wesentlich höhere Geschwindigkeit entwickelt als ein auf einer kurzen Welle flatterndes Tier.

Bei dem heutigen Stande der Technik ist es ohne weiteres möglich, wirtschaftlich arbeitende und sicher fliegende Schwingenflugzeuge zu bauen. Wenn überhaupt je das Flugzeug ein Allgemeinbeförderungsmittel werden soll, das in ähnlicher Weise wie das Motorrad der Menschheit dienen kann, so wird dieses Flugzeug bestimmt als Antrieb den Schwingungsantrieb erhalten. Die Forderung einer Start- und Landemöglichkeit auf kleinsten Plätzen, der das schwingende Flugzeug in idealer Weise zu entsprechen in der Lage ist, wird sicherlich früher oder später das Schwingungsflugzeug in genügend sicherer Form schaffen.

c) Abgestimmte Flugzeuge

Ein weiterer sehr gewichtiger Faktor aber, bei dem die Schwingung erst in ihrer ganzen günstigen Weise zur Auswirkung kommt, ist die Abstimmfähigkeit mehrerer zusammenfliegender Flugzeuge. Genau wie bei den Zugvögeln ist auch bei den künstlich schwingenden Flugzeugen der Resonanzzustand möglich und ohne Schwierigkeiten erreichbar. Die hierbei auftretende Kopplung würde die Sicherheit des Fluges sehr wesentlich erhöhen, zumal die zum Fliegen nötige Energie beim Schwingungsflugzeug infolge des günstigen Wirkungsgrades der langsam bewegten Flächen wesentlich geringer gehalten werden kann, als bei einem gleich großen Drachenflugzeug. Die Energieersparnis ist also eine zweifache.

Das Drachenflugzeug ist prinzipiell nicht mehr wesentlich verbesserungsfähig. Das Schwingungsflugzeug dagegen stellt der vorwärtsstrebenden Technik ungeahnte Aufgaben, deren Lösung der Menschheit das zu erstrebende Ziel, den schwachmotorigen Kunstflug zu bringen bestimmt ist.

Schlußwort

Die vorstehenden Ausführungen machen nicht den Anspruch auf eine wissenschaftliche Behandlung des in sich theoretisch recht verwickelten Stoffes. Die Fassung der Vorgänge der verschiedenartigsten Vortriebsschwingungen in Formelform möge berufenen Wissenschaftern vorbehalten bleiben. Die reine Theorie hat aber auch nur für einen ganz geringen Kreis von Wissenschaftern Interesse. Dem Gros der Techniker sind die Resultate der wissenschaftlichen Arbeiten für die praktische Realisierung von konstruktiven Ideen genügend. Aber auch diese mathematischen Untersuchungen und Beweisführungen werden den biotechnischen Beweis für die praktische Anwendbarkeit der Schwingung als Vortriebsfaktor für Luft- und Wasserfahrzeuge nicht in seinen wesentlichen Merkmalen beeinflussen und abändern können. Wenn deshalb die vorstehenden Ausführungen die gesamte interessierte Technik auf ein Gebiet aufmerksam machen, das noch tief zu schürfende Ausbeutungsmöglichkeiten in sich birgt, so ist der Zweck dieses Büchleins erreicht.

Druck von Metzger & Wittig in Leipzig.

FSC
www.fsc.org
MIX
Papier | Fördert
gute Waldnutzung
FSC® C083411

Zeitfracht Medien GmbH
Ferdinand-Jühlke-Straße 7
99095 Erfurt, Deutschland
produktsicherheit@kolibri360.de